化学元素
魔法卡

吴尔平 逸哲 编著

人民邮电出版社

北 京

图书在版编目（CIP）数据

化学元素魔法卡 / 吴尔平，逸哲编著. -- 北京 ：
人民邮电出版社，2025.2
ISBN 978-7-115-64490-9

Ⅰ. ①化… Ⅱ. ①吴… ②逸… Ⅲ. ①化学元素-普
及读物 Ⅳ. ①O611-49

中国国家版本馆CIP数据核字(2024)第105782号

◆ 编　　著　吴尔平　逸　哲

　　责任编辑　刘　朋
　　责任印制　陈　犇

◆ 人民邮电出版社出版发行　　北京市丰台区成寿寺路 11 号
　　邮编　100164　　电子邮件　315@ptpress.com.cn
　　网址　https://www.ptpress.com.cn
　　优奇仕印刷河北有限公司印刷

◆ 开本：787×1092　1/32

　　印张：3.875　　　　　　　2025 年 2 月第 1 版
　　字数：62 千字　　　　　　2025 年 2 月河北第 1 次印刷

定价：69.90 元

读者服务热线：(010)81055410　印装质量热线：(010)81055316
反盗版热线：(010)81055315

内容提要

　　目前人类已发现的化学元素有118种，而每一种化学元素都具有神奇的性质和许多有趣的故事。认识化学元素，将为我们打开一扇认识世界的大门。这套经过精心设计的卡片能够帮助你快速认识每一种化学元素，让你在快乐的游戏中掌握关于化学元素的基础知识。配套的手册介绍了这套卡片的使用方法，也可以引导你了解关于化学元素的更多知识。当然，你也可以动动脑筋，找出这套卡片更多有趣的玩法。

　　还等什么，赶快行动吧！

前言

欢迎你成为《化学元素魔法卡》的读者!

这部作品包括两部分:第一部分是118张精美的卡片,第二部分就是你正在阅读的这本小册子。每张卡片的正面印有一种化学元素的实物样品照片,背面印有根据它的独特性质和典型应用设计的精美艺术插画。小册子首先介绍了卡片的使用方法,也就是告诉你如何"玩"这套卡片。你可以按照"怎样使用卡片"中的说明使用这套卡片,和朋友、同学、家人进行互动,或者自己探索新的玩法。然后,小册子对每种化学元素进行了简单的介绍,帮助你了解每一种化学元素的性质、应用以及有趣的故事。

那么,化学元素是什么呢?它们是构筑我们生活的这个世界的"砖石",可以经过不同的组合形成各种各样的物质。有的物质就在你的身边,能够让你看得见摸得到,如用来制作这套卡片的纸张和油墨;有的物质虽然也在你的身边,但你几乎感觉不到它们的存在,如我们正在呼吸的空气。化学这门学科就是研究这些元素是如何组成各种物质的。所以,要想成为化学家,先来认识这些化学元素吧!

本作品中的文字由吴尔平与逸哲撰写，卡片正面的化学元素样品实物照片由吴尔平拍摄，背面的艺术插画由逸哲绘制。书中的数据引自《CRC化学与物理学手册（第97版）》［*CRC Handbook of Chemistry and Physics（97th Ed）*］以及部分新近发表的论文等。

目 录

怎样使用卡片

你或许会好奇，为什么卡片的正背面会呈现这样的内容呢？通过这种方式，我们能够向你展示每种化学元素最真实的样貌及其性质、应用、发现历史等。我们在制作卡片的时候精心设计了一些游戏。有的游戏是你可以独自一人完成的，例如用它们拼写单词；有些游戏需要你和他人一起合作，例如"你画我猜"。总之，你可以通过这些游戏来加深对化学元素的认识。这将成为你了解化学元素的有趣方式。

① 拼写单词和拼音

每一种化学元素都有对应的元素符号，元素符号由 1 ~ 2 个英文字母组成。我们可以把几张卡片叠放起来，露出位于卡片一角的元素符号，让它们连接成我们认识的英文单词或者汉语拼音。例如，"吴尔平"的拼音 Wu Erping 可以用 W、U、Er、P、In、Ag（分别表示钨、铀、铒、磷、铟、银，你可以用上一张卡片遮住

"Ag"中的"A"而只露出"g")表示。一些名字的谐音可以用化学元素的中文名称表示，例如，"逸哲"可以用"镱锗"表示。除此以外，你可以灵活地用元素符号拼写英文单词，如win可由W（钨）、I（碘）和N（氮）三张卡片表示，也可由W（钨）和In（铟）两张卡片表示。

② 速拼元素周期表

如果说化学元素是积木零件的话，元素周期表就是用来收纳它们的陈列柜。只有按照一定的规律，我们才能够快速确定一种元素在元素周期表中的位置，观察到一些元素性质递变的现象。然而，元素周期表的形式并不唯一，除了门捷列夫最早设计的元素周期表之外，还有其他形式的元素周期表。你可以用这套卡片将它们拼出来，但这并不是一项简单的工作。和你的朋友比一比，看谁用的时间更短。

③ 猜测物质构成

拿起手边的一个东西（比如手机），你知道它的各个部分（屏幕、外壳、电路、电池等）分别是由什么元素构成的？看到某一种食材（比如菠菜），你能不能在第一时间想到它富含哪种元素？（菠菜富含铁。）即便你不知道答案也没关系，那就去查阅资料，然后和朋友分享。当然，部分答案隐藏在卡片上的艺术插画中。你发现了吗？

④ 按照顺序抽认、排列卡片

元素周期表中包含了许多规律，你可以抽取属于同一周期（同一行）或同一族（ⅧB族包括三列，其余为一列）的元素，将它们按照从左到右的顺序依次排列。你能看到由金属元素逐渐过渡到非金属元素（或者反过来）的过程。除此以外，还有许多有趣的排列方式，例如按元素在地壳中的丰度、金属元素的活性等进行排列。你可以尝试找出相应元素的卡片并将它们排列好。

⑤ 用作元素识记卡

大部分卡片的正面和背面分别印有元素的样品实物照片和相应的艺术插画。试着抽出几张卡片，看着这些元素样品的外观，你能说出它们有什么应用吗？看着艺术插画，你能猜到这种元素的外观是什么样子吗？卡片上的内容只是一个提示，你可以查阅资料来了解更多的知识，并且将其分享给你的朋友。当对每一次提问都有信心的时候，你就对每一种元素都了如指掌了。

⑥ 你画我猜

每一种元素都有着独一无二的性质，人们会根据这些性质把它用在特定的领域，发挥它的价值。参照卡片上的插画，试着画出每一种元素的应用场景吧。画好之后，拿出来考一考你的朋友，看看他能不能猜出你画的是什么元素。切磋一下画技，看谁画得最好。除了卡片上面的示例，每种元素还有许多其他应用场景，你可以试着把它们画出来。

⑦ 判断化学反应

化合物是由不同的化学元素按照一定的原子数量比例组成的。自然界中已发现的化合物有300多万种，而且这个数量还会持续增长。其中许多化合物是由两种或三种元素组成的。从卡片中抽取几张，看看这些元素能够形成什么样的化合物。当抽到两种看似不能发生反应的化学元素时，不要急着下结论，和朋友讨论一下，查阅一些资料，也许结果会让你大吃一惊。

⑧ 钓鱼游戏

这是一种多人卡牌游戏。开始的时候，每位玩家手里持有相同数量的卡片，然后大家轮流将卡片打出，形成一个序列。当最新打出的一张卡片上的化学元素与序列中某一张卡片上的化学元素有相似之处（如二者属于同一族或同一周期）时，该玩家可以把这两张卡片以及它们之间的所有卡片收入手中。在每次打出卡片的时候，一定要多加小心，不要错过赢取卡片的机会。当手中没有卡片的时候，你就输了。

⑨ 猜猜我是谁

在你和朋友都对化学元素的性质有了一定的了解之后，你们可以尝试让一个人抽取一张卡片并遮挡住其上的元素名称和符号等，另外一个人尝试提出一些问题，例如"它是金属吗""它是否会和水发生反应""它的原子半径是否在100皮米和200皮米之间""它的密度是否在5克/立方厘米和7克/立方厘米之间"，等等。第一个人只能用"是"或者"否"来回答，第二个人根据第一个人的回答猜测卡片上展示的是哪种化学元素。比一比，看谁能够用最少的问题猜出对方抽取的化学元素。

如果你在使用这套卡片的时候发现了其他有趣的玩法，请通过电子邮件（liupeng@ptpress.com.cn）和我们分享。

认识化学元素

氢是元素周期表里的第一种元素，它的单质氢气是最轻的气体。那么氢气有多轻呢？一个篮球大小的氢气球可以带着一把钥匙飘浮在空中。中国的科学家在命名这种元素时采用了"轻"字的读音，并将它的部首与表明该气体身份的"气"字组合在一起，从而得到了"氢"这个名字。氢是宇宙中含量最高的元素，占太阳质量的75%，而其他天体也含有大量的氢。

实物照片

此处展示的是一组被制成氢元素符号"H"形状的玻璃管，其内部填充了稀薄的氢气。氢气是一种无色的气体，在受到高压电激发的时候会发出特征性的淡紫色辉光。

艺术插画

氢气的密度很小，但在燃烧时会释放大量的热量，因此氢气在航天工程中可以用作燃料。这幅插画描绘了一枚火箭及其搭载的航天飞机，一些巨型火箭采用液氢作为燃料。

太阳质量的75%由氢构成，而剩下的25%几乎都是氦。整个宇宙质量的97%都来自氢和氦，因此氦是宇宙中含量第二高的元素。但是，地球上的氦并不多。天文学家在日食期间观测太阳时意外地发现了"藏"在太阳里的这种元素，因此其英文名称"helium"源于希腊语中的"helios"（意为"太阳"）。在很长的一段时间内，人们认为地球上没有氦，直到后来才在地下矿洞中发现了氦气。

实物照片

此处展示的是一组被制成氦元素符号"He"形状的玻璃管，其内部填充了稀薄的氦气。氦气是一种无色的气体，在受到高压电激发的时候会发出特征性的淡粉色辉光。

艺术插画

作为一种惰性气体，氦气不会燃烧，密度很小，因此可以作为气球和飞艇的填充气体，在提供浮力的同时保证安全。这幅插画描绘了几只用氦气填充的气球，目前这种气球已取代之前容易爆炸的氢气球。

锂是元素周期表中的第一种金属元素，它也是最轻的金属，其密度只有水的一半多一点。锂的化学性质很活泼，能在水面上发生剧烈的反应，释放大量的热量。锂常用于制造一次性的原电池和可反复充电的蓄电池，这些电池用在计算机、手机、电动自行车等中。仔细观察这些电池的外壳或外包装，你就能发现"锂"字或者英文"lithium"。

实物照片

锂是一种银白色的金属。此处展示的是通过在真空中蒸馏得到的簇状金属锂结晶，其底部的淡黄色源于锂与氮气、氧气发生反应所生成的物质。

艺术插画

这幅插画中有三块乐高风格的电池，绿色表示这种电池无污染，而红色、橙色以及闪电符号提醒我们在使用这种电池的时候应格外小心，不要在家里给电动自行车等中的大功率锂蓄电池充电，以免发生火灾等危险。

海蓝宝石、祖母绿和金绿宝石这三种外观截然不同的宝石有啥共同点？以前，矿物学家在研究这几种宝石时发现它们的成分几乎一样。他们还发现这些宝石都含有一种此前从来没有被记载的元素——铍。根据这个发现，人们最终决定用绿柱石（beryl）命名铍元素。（在本书中，如无特别说明，提及元素的命名时均指其英文名称。）在工业上，那些含铍的矿石就是用来提炼铍的原材料，而外观精美的矿石经过切割、打磨就变成了宝石。

实物照片

铍是一种钢灰色的金属。此处展示的是一块金属铍原料，它的表面很不平整。

艺术插画

铍单质有毒，很少出现在日常生活中，但是它很轻盈，在高温环境下十分稳定，能够在航空航天领域大显身手，例如用于制作航天器上的金属零件。这幅插画描绘了几种含有铍的宝石，其酷似火箭的形状表明了铍在航空航天领域的用途。

你或许从来没有见过硼，因为它过于坚硬、易碎，也没有什么用途，很少以单质形态出现在我们身边。但是你可能听说过硼砂、硼酸，这两种含硼的化合物的用途十分广泛。硼砂常用在清洁剂、化妆品和杀虫剂中，硼酸则是一种常见的防腐剂、消毒剂。古人发现了这两种化合物并开发出了它们的一些用途。硼元素的英文名字来自这两种化合物。

实物照片

硼在较低纯度下会形成如同巧克力粉一样的松散的暗褐色粉末，而经过提炼得到的高纯度硼则会呈现完全不一样的外观，是一种黑色的固体。

艺术插画

这幅插画的创作灵感来自"二十骡硼砂"（20 mule team borax）牌洗涤剂的包装盒，这种品牌的清洁剂在美国的商店里很常见。硼砂的用途广泛，用作清洁剂去除油污便是其中之一。

tàn
碳
6

碳是地球生命不可或缺的关键元素，动物和植物体内都含有大量的碳。碳和其他元素形成的化合物在被加热之后会分解产生炭黑，也就是我们常说的木炭。碳元素在很早就被发现了，不过它还是能时不时地给人们带来一些惊喜。碳有多种外观不同的形态，例如用于制作铅笔芯的石墨、闻名遐迩的金刚石以及近年发现的富勒烯等。这些物质都是纯净的碳，只不过原子的组合方式不同，因此它们的外观和性质截然不同，用途也不同。

实物照片

碳有多种同素异形体，如上面提到的石墨、金刚石、富勒烯等，它们的外观不同。此处展示的是酚醛树脂在高温环境下分解后产生的碳单质，由于具有玻璃质感而被称作"玻璃碳"，是一种亮黑色的固体。

艺术插画

这幅插画中央展示了一枚璀璨夺目的钻石，钻石是一种常见的珠宝材料，由天然生成的金刚石经过加工得到，是人们心目中"永恒"的象征。而两侧展示的则是由60个碳原子组成的富勒烯，它真实地存在于大自然中，而且结构与足球一模一样，令人不禁叹服大自然的奇妙。

氮是一种在真正意义上"触手可及"的元素，我们身边的空气中约有78%（体积分数）是氮气。伸出双手，你就能抓到它。氮气因为一些独特的性质而被用在食品加工领域。氮气能够延缓食物腐烂，可以用来填充薯片的包装袋，在避免薯片受到挤压破碎的同时防止其变质。

实物照片

氮气是一种无色无味的气体，在零下195.79摄氏度时会变成无色的液体。此处展示的是保存在玻璃杯中的液氮，它正在剧烈地沸腾，就像烧开的水一样。

艺术插画

这里展示了一碗美味的冰激凌。液氮无毒无害，可以吸收大量热量。有些冰激凌就是利用液氮使奶油快速冷却、凝固而制成的。

yǎng

氧

8

氧气约占空气体积的21%，是我们赖以生存的关键物质。我们的呼吸过程就是从空气中获取氧气，让身体正常工作。在过去，中国科学家认为人的生存离不开氧气，所以把氧气称作"养气"，意思是"养气之质"，后来它经过演变成为了现在的名字。氧元素不仅存在于空气中，它也是海洋和地壳中含量最高的元素。随处可见的水、土壤和岩石里都含有氧元素，这种元素做到了海陆空全能。

实物照片

氧气是一种无色的气体，在零下182.95摄氏度时会变成淡蓝色的液体。此处展示的是保存在玻璃杯中的液氧，你可以看到它的边缘呈淡蓝色。

艺术插画

星空宁静而美丽，远处的极光若隐若现。一架白色的纸飞机正在飞离地球，而一只小纸船正漂荡在蔚蓝的大海上，大海周边的陆地绿意盎然。这一切都与氧元素息息相关。如果没有氧元素，这样美丽的景象将无法存在。

氟气的性质极为活泼，在碰到很多物质的时候会发生剧烈的反应。氟和其他元素形成的化合物就不会遭受氟气的侵蚀吗？恭喜你，答对了。含有氟的化合物都十分稳定，比如由氟和碳组成的特氟龙是一种性能优良的材料。许多不粘锅用特氟龙制作镀层，在防止食物粘在锅上的同时，让锅能够抵御腐蚀，更加耐用。

实物照片

氟气是一种淡黄色的气体，具有极强的腐蚀性。此处展示的是与氦气混合稀释后保存在玻璃球中的氟气，我们仍然能够看到它对玻璃造成了一定的腐蚀。

艺术插画

我们的牙齿由羟基磷灰石构成，在帮助我们咀嚼食物的时候会受到腐蚀，从而损坏。而牙齿在接触含有氟的牙膏时则会转变成氟基磷灰石，从而具有更高的硬度，且难以被腐蚀。

nǎi

氖

10

氖气看起来平淡无奇，但是在通电之后会发出明亮的橙红色辉光，十分醒目。这种发光能力是任何一种气体都无法比拟的。因此，人们用氖气填充灯管，并且用这种元素的名字命名这种灯具（在英语中，"霓虹灯"和"氖"是同一个单词"neon"）。根据使用目的的不同，人们可以改变灯管里面的填充气体，从而让其发出其他颜色的光。这就是五光十色的霓虹灯。

实物照片

此处展示的是一组被制成氖元素符号"Ne"形状的玻璃管，其内部填充了稀薄的氖气。氖气是一种无色的气体，在受到高压电激发的时候会发出特征性的橙红色辉光。

艺术插画

玻璃管容易加工成各种形状，而氖气通过高压电激发产生明亮的辉光，二者的完美配合让霓虹灯风靡一时。这里展示了一个用霓虹灯制作的舞者形象。在LED（light emitting diode，发光二极管）灯没有普及的时代，你一眼就能认出街边用霓虹灯制作的广告牌。

化学家经常把"活泼"和钠联系在一起。设想一下，你刚发现了一种金属，它十分柔软，用小刀切割后得到的银白色表面和你认识的其他金属相差无几，但你把它投入水中之后，它会熔化成小球，迅速和水发生反应，甚至燃烧、爆炸。此时，你会不会觉得这种现象非常令人震撼？没错，当钠最初被发现之后，它的诸多性质颠覆了当时的化学家的认知。后来人们利用钠的这些性质，让它在热量传导、化学反应等方面大显身手。

实物照片

钠是一种银白色的金属，由于活泼的性质，在接触空气的一瞬间就会和其中的氧气、水蒸气发生反应，失去光泽。因此，在储存金属钠的时候需要严格隔绝空气，防止它变质。此处展示的是保存在玻璃管中的光亮的金属钠，它经过熔化、冷却后形成了鱼骨般的外观。

艺术插画

钠和氯元素结合形成的氯化钠就是我们常说的食盐。食盐赋予了食物咸味，没有它，很多菜肴都会让人觉得乏味。食盐在进入人体后会生成钠离子，它是调节人体细胞稳定的重要物质。这幅插画描绘了装有海盐的瓶子和瓶子外面堆积起来的岩盐，海盐和岩盐是食盐的两种常见的来源。

镁

12

　　镁十分轻盈，在加入其他金属元素后会变得更加坚固耐用，成为一种适合制作金属构件的材料。不仅如此，镁合金易于回收，在工业上可以降低污染，改善环境，因此人们把镁合金誉为"绿色结构材料"。镁在生活中十分常见，我们常用的笔记本计算机和照相机的外壳大多都是用镁合金制成的。通常它们的表面涂有一层油漆，以防止生锈。若这种外壳在不经意间受到了一点磨损，你就能看到镁合金本来的面目了。

实物照片

镁是一种银白色的金属，在干燥的空气中也能保持色泽一直光亮。此处展示的金属镁样品是一种工业产品。在需要高纯度金属镁的时候，人们会通过加热使它变成蒸气，从而将其他金属杂质分离，然后重新冷却沉积，就可以得到这样美丽的结晶簇。

艺术插画

除了用于制造外壳，镁和照相机还有着别样的奇妙联系。镁的性质活泼，镁粉和细碎的镁屑十分容易燃烧，发出极为耀眼的白色光芒。它的发光效率很高，人们曾用它来制造烟花、照明弹和一次性闪光灯。这幅插画描绘了照相机和烟花，它们都是镁元素大显身手的地方。

用铝制造的餐盘接待贵客？你可能有些费解，因为铝很廉价，而且过多摄入铝元素还会导致阿尔茨海默病，但铝曾经被人们视为比黄金更加珍贵的金属。由于过去工业并不发达，提炼铝的难度很高，因此它是一种十分稀有的材料。拿破仑三世曾经用铝盘招待最尊贵的客人，而其他客人会用到黄金餐具。随着金属冶炼工艺的改进，铝成为了我们触手可及的金属材料。

实物照片

铝是一种银白色的金属，光亮的表面往往覆盖着一层透明的氧化膜，因此它具有一定的稳定性。铝有着较低的熔点，很容易通过加热熔化。此处展示的是用模具铸造出来的高纯度铝条，经过用酸液清洗后，它的表面展现出了有趣而美丽的斑纹。

艺术插画

这幅插画展现了铝的地位。铝具有价格低、密度低、耐用、易加工等特点，广泛用作食品的包装材料，也用于制造你能想得到的很多廉价金属制品。铝是一种可以回收的金属材料，因此在使用完铝制品之后，请你记得进行回收处理。

抓一把沙子，你能说出它们是由什么化学元素构成的吗？有人可能会说，沙子或许含有某些你没有听说过的稀有元素。没错，沙子中含有的稀有元素取决于这些沙子来自哪里，但是硅和氧才是构成沙子的主要成分。二者是地壳中含量最丰富的两种元素，它们结合形成的沙子、土壤随处可见，有时还会有其他元素加入，一同形成更加美丽的矿石，这为人们获取硅带来了极大的便利。你也许会想，人们出于什么目的大量使用硅呢？请看这张卡片。

实物照片

硅晶体是一种略带蓝色的钢灰色半金属，它的性质和外观介于金属和非金属之间。高纯度的硅是制造半导体器件的材料。在提炼硅的过程中，除了巨大的成品结晶锭，位于熔炉底部的硅原料的表面在冷凝后会形成有趣的纹路，那是一种美丽的副产品。

艺术插画

硅可以用来制造半导体器件。这幅插画展示了形似大脑的电路结构、二进制数据以及一簇水晶。水晶的成分是二氧化硅，是一种常见的含硅矿物。

人们最早是从哪里获得磷的呢？是矿石、植物灰烬还是动物骨骼？答案可能会让你大吃一惊。磷第一次被人们制得时是以白磷的形态出现的，而白磷正是炼金术士从尿液中提炼黄金失败时得到的东西。炼金术士错误地把尿液的黄色与黄金联系在了一起，试图从中提炼黄金。而经过煮沸、与沙子等物质共热之后，尿液中含有的磷元素会被还原，形成白磷这种蜡状物质。磷有多种同素异形体，它们的性质各异，有不同的应用领域。

实物照片

黑磷是一种亮黑色的固体，是磷的一种十分罕见的同素异形体。随着这种材料的用途被逐步开发，它从文献资料里的文字变成了我们可以看得到的实物。这块黑磷形似一个碗，由层层叠叠的薄片组成。

艺术插画

红磷十分容易燃烧，这种性质让它自发现之后就用于制造火柴头和烟花，在高效燃烧的同时释放出特征性的五氧化二磷浓烟。这幅插画展示了一盒火柴，其后面是在天空中绽放的烟花。

liú

硫
16

　　硫早在古代就被人们认识了，这种物质广泛地存在于大自然之中，分布在温泉和火山地带，十分容易获得。中国古代炼丹师将其称为"硫黄"，并用它来制造黑火药。黑火药作为中国古代的四大发明之一，在历史上有着举足轻重的地位，它就是由硫黄、硝酸钾和木炭按照一定比例混合而成的。我们燃放的烟花是用黑火药制造的，其中的添加剂可以让烟花产生不同的燃烧效果。但是硫经过燃烧形成的二氧化硫会污染空气，诱发酸雨。出于环保目的，人们在寻找不含硫的烟花材料。

实物照片

硫是一种黄色的固体，在自然界中会以纯净的黄色颗粒物形态沉积在岩石上形成矿物，被人们称作"自然硫"。这块自然硫矿石标本来自玻利维亚，那里的自然硫凭借着高品质广受世界各地的收藏家的青睐。

艺术插画

硫元素在各种食材中十分常见，例如洋葱催人泪下的气味正是来自硫化物。这幅插画展示了一块硫和含有硫化物的洋葱。

当第一次闻到氯气的时候，你会觉得这种气味十分熟悉。氯的化合物常用于杀菌、消毒，我们常用的"84"消毒液就含有氯元素，在使用过程中会释放出氯气。游泳池的气味也拜它所赐。需要注意的是，氯气有毒，高浓度的氯气会强烈地刺激人体，损害器官。在第一次世界大战中，氯气就被用在了战场上，给交战双方的士兵造成了等量的伤亡。

实物照片

氯气是一种黄绿色的气体，在低温下会冷凝变成液态，那是一种黄绿色的油状液体。液态氯在常温下能够稳定存在，但是保存它的玻璃管需要承受很高的压力，因此需要在外面裹一层树脂来保证安全。

艺术插画

含有氯元素的消毒剂广泛地用于游泳池消毒，它在净化水质的同时，也赋予了游泳池特殊的气味。那种微弱的刺激感会让你在第一时间将它辨认出来。

yà

氩

18

很多资料会指出氮气约占空气体积的78%，氧气约占21%，那么剩下的约1%是什么呢？这一部分空气就包括氩气。当初，化学家们把空气中的氮气和氧气等去除之后，发现剩余的气体的化学性质出乎意料地稳定，从而发现了这种气体，并根据氩气稳定的性质提出了"惰性气体"这个概念。事实证明，氩气的确配得上这个称呼。在高价值的红酒储存和博物馆的文物保护中，它都有出色表现。

实物照片

此处展示的是一组被制成氩元素符号"Ar"形状的玻璃管，内部填充了稀薄的氩气。氩气是一种无色的气体，在受到高压电激发的时候会发出特征性的紫色辉光。

艺术插画

这里展示了用氩气填充的霓虹灯，灯管做成了氩的英文名称"ARGON"的形状。由于氩气十分便宜，容易获得，它也是霓虹灯的常用填充气体。

钾、氮、磷是植物生长必需的三种化学元素，是化肥的关键成分。人们最早从草木灰中发现了钾元素，它的英文名"potassium"源自"potash"（"草木灰"）。钾和钠一样都是性质十分活泼的金属，钾甚至要更活泼一些。中国的科学家在命名这种元素时，因其活泼性在当时已知的金属中位居榜首，于是便用金字旁和表示首位的"甲"造出了"钾"这个字。

实物照片

钾是一种银白色的金属，活泼的性质使得它在保存时需要避免与空气接触。此处展示的是保存在玻璃管中的光亮的金属钾，它在没有空气影响的情况下经过熔化、冷却形成了鱼骨般的外表。

艺术插画

香蕉、牛油果、橙子和番茄中都含有钾元素。钾元素对人体来说十分重要，我们应合理规划饮食，定期从食物中摄取适量的钾元素。

gài

钙

20

一提到钙，大多数人的第一反应是不会将它和钢铁等金属扯上关系。这很正常，因为我们能够接触的与钙有关的物质（如粉笔、石膏、石灰石、牛奶、钙片等）无一例外都是白色的块状固体、液体或粉末。实际上，钙是一种典型的金属，不过活泼的性质使得它很少以金属的形态出现，人们在大多数时候使用的是它和其他元素形成的化合物。

实物照片

钙是一种略带黄色的银白色金属，它能够和空气中的氮气、氧气和水蒸气发生反应。金属钙在空气中很快就会变成白色粉末，需要保存在密封的玻璃罩中才能一直光亮如新。许多化学工作者都没有机会接触纯净的金属钙，在这里你可以好好地观察金属钙的真实样貌。

艺术插画

钙在骨骼的形成过程中至关重要，小朋友在长身体的时候要适当摄入钙元素。牛奶是最常见的补钙食物，所以你不要拒绝爸爸妈妈让你喝的牛奶呀。这幅插画描绘了一头奶牛洗牛奶浴的场景，你注意到后面的架子上还有一块奶酪了吗？

钪或许是你闻所未闻的一种元素。你在生活中看不到它的身影，它对人体也没有特殊的作用。但如果提起稀土元素，你可能会更熟悉一些。作为第一种稀土元素，钪具有这一类元素的共同特点：在地球上的分布十分稀散，难以富集，因此给开采和应用带来了许多困难。钪最常见的用途是让照明灯具产生白色的光线。纯净的钪几乎没有用途，因此没有多少人见到过它的真容。

实物照片

钪是一种银白色的金属，暴露在空气中时会呈现轻微的黄色或粉红色。纯净的钪很少见，你能够购买到的钪一般都是经过提纯后直接形成的丝状结晶，正如此处展示的样品一样。在被撕裂的边缘，你可以观察到新鲜金属表面的独特色泽。

艺术插画

钪在瑞典被发现，其名称源自"斯堪的纳维亚"的拉丁语。你注意到这幅插画中打高尔夫球和棒球的人了吗？钪和铝形成的合金是制造球杆、球棒的常见材料之一。这种合金具有很高的强度，在击打时不易变形。

tài

钛

22

在21世纪，钛是所有金属中当之无愧的明星。钛有许多显著的优势，如轻盈、坚固耐用、不易生锈、无毒无害、容易加工等。用钛制造的人工关节等不会被人体排斥，甚至还能够"欺骗"神经和肌肉，让它们在其表面继续生长。或许是因为钛的知名度太高了，市面上也出现了一些假冒的钛制品，大家在购买的时候要注意辨别。

实物照片

钛是一种略带黄色的银白色金属。此处展示了一块利用现代工业技术生产的纯钛，它具有海绵状的外观。钛在过去是一种很难获得的金属，经过科学家的不断努力，如今它成为了一种常见的材料。

艺术插画

钛和铁、铝等元素形成的合金具有优良的性能，是十分理想的体育用品材料，可以用来制造网球拍、高尔夫球杆以及自行车架等。这幅插画描绘了一个骑着钛合金自行车的人。

钒的化合物具有多彩的颜色，其水溶液呈黄色、绿色、蓝色或紫色等，因此科学家用日耳曼神话中象征美丽的女神芙蕾雅的别称"凡纳蒂斯"（Vanadís）命名这种元素。钒的主要用途并不是创造颜色，这是因为它的一些化合物有毒，所以我们在生活中接触不到钒的化合物。钒在更多的时候作为合金的添加剂，使金属材料更加坚固耐用。这种合金可以用来制造扳手、螺丝刀等工具。

实物照片

钒是一种略带蓝色的钢灰色金属。此处展示了一块圆形的钒饼，其表面经过特殊处理展现了美丽的纹理。可别小看这种纹理的作用，它们的大小、形状能够反映出材料的纯度、加工方式等信息。

艺术插画

钒合金在工业上的第一次大规模应用可以追溯到1905年，当时钒用来制造福特T型车的车架，使车辆更加轻便和耐用。这幅插画上有一辆老式福特车。注意它的车轮，那是实物照片所展示的那种圆形钒饼。

铬

24

如果你想让物体的表面呈现闪亮的金属质感，或者改变材料表面的性能，那么电镀就是你的首选方案。电镀能够在绝大多数物体的表面覆盖一层金属，而铬则是最常用的电镀材料。它的色泽明亮，镀层坚固耐用，不容易受到腐蚀，因此镀铬的物品十分常见，如汽车上锃亮的零件、生活中的许多金属工具等。当你看到一个物品表面带有闪亮的金属光泽时，不用怀疑，它一定镀了铬，因为没有人会用其他金属替代铬作为表面镀层。

实物照片

铬是一种略带蓝色的银白色金属。此处展示了一块高纯度的铬结晶簇。在那些不规则的颗粒的缝隙之间，你能够观察到金属表面经过多次反射后呈现的淡蓝色，这比平整金属表面的颜色更加明显。

艺术插画

铬镀层在汽车上极为常见。找一找，这辆汽车的什么地方用到了铬镀层呢？保险杠、后视镜、车灯？不光是这些零件，在你平常看不到的地方（比如发动机的汽缸），铬镀层的优良防护性能也在悄悄地发挥作用。

měng

锰

25

锰并不是一种大家都十分熟悉的元素，但它在工业上有着广泛的应用，也是人体必需的一种元素。在距今17000年的旧石器时代晚期，也就是还没有陶器的年代，人们就开始利用二氧化锰绘制壁画了。锰的这种氧化物呈醒目的深黑色，是一种天然形成的矿物，因此获取和使用它并不困难。时至今日，二氧化锰是一种十分重要的化工原料。

实物照片

锰是一种银白色的金属，此处展示了一块高纯度的金属锰。锰很少以纯净的金属形态出现，活泼的性质使得它的表面很容易被棕色的氧化物覆盖，因此很少有人能够见到纯净金属锰的光泽。

艺术插画

二氧化锰是人类最早使用的天然矿物之一，在旧石器时代晚期就被用作壁画颜料。这幅插画中有一个正在创作壁画的史前时期的人。

tiě

铁

26

你也许听过这种说法：一个成年人体内含有约 4 克铁，这些铁被提炼出来后可以做成一根铁钉。人体内为什么含铁，它发挥了什么作用呢？人体内的铁元素主要分布在血红蛋白和肌红蛋白中，这两种蛋白质在人体内分别负责运输和储存氧气，是支持我们呼吸的重要物质。缺铁会导致我们常说的贫血，其原因就是身体无法制造足够的血红蛋白。因此，我们需要从食物中摄取适量铁元素，以维持体内铁元素的含量。

实物照片

铁是一种银灰色的金属。地球上的铁元素几乎都不以纯金属形态出现，早期人类之所以能够使用纯铁，全拜"天外来客"所赐。一些陨石中铁的含量可以达到 80% 以上，是现成的材料。此处展示了一块橄榄陨铁的切片，这是一种由铁和橄榄石（图中的黄色半透明物质）混合形成的陨石。

艺术插画

这幅插画包含一座钢铁大桥和一块磁铁。铁是最常见的金属之一，容易冶炼和加工，但也容易生锈，在潮湿的空气中会被侵蚀，和氧气化合形成氧化铁。这是一个灾难般的化学反应。据说，钢铁因生锈而造成的损失占到其产量的 10% ~ 20%。

以前，人们对于颜料的选择并不多。没有现代那些成分复杂、色彩多变的颜料，人们只能利用为数不多的一些化合物，尽管它们可能有着诸多缺点。钴蓝含有钴的化合物，凭借着明亮、纯净的蓝色在颜料界占有一席之地。钴蓝于1802年被发现，迅速取代了几种效果不尽如人意的蓝色颜料，成为了画家的标准颜料之一。颜料是钴的高光应用领域，但钴也用于制取硬质合金和辐照杀菌，对人体健康至关重要的维生素B12中也有它的踪迹。

实物照片

钴是一种略带粉色的银灰色金属。金属钴长期暴露在潮湿的空气中，表面会逐渐被一层黄褐色的物质覆盖，但新鲜的钴金属表面十分明亮。此处展示了加工金属钴零件时得到的一个碎块。

艺术插画

钴蓝是一种历史较为悠久且十分常见的颜料，常用于制造珠宝和油漆，也可作为青花瓷的蓝色釉彩。这幅插画描绘了一个青花瓷盘子，上面的山水风景便是用钴蓝绘制的。

niè
镍
28

中世纪的德国矿工们曾发现了一种奇怪的矿石：它的外观呈铜红色，与常见的铜矿无异，但无论如何，人们都无法从中提炼出铜来。于是，矿工们便把这种现象归咎于妖精"Nickel"，认为是它在捣乱，同时把这种矿石命名为"kupfernickel"（其中的"kupfer"是"铜"的意思），意为"恶魔之铜"。实际上，这种矿石是红砷镍矿，是砷和镍形成的一种矿石，并不含铜。后来人们从这种矿石中提炼出了一种此前没有见过的金属，于是便用为矿石命名的妖精名字命名它，它就是镍。

实物照片

镍是一种略带黄色的银白色金属。此处展示了一个在电镀过程中产生的镍瘤。镍瘤是通过长期沉积形成的工业废料，需要定期进行处理，对于工人而言是一个"美丽的麻烦"。注意，图中这个镍瘤的表面附着了一层铬，因此看上去有些发蓝。

艺术插画

镍是铸造金属硬币的良好材料，许多常见的硬币含有镍。这幅插画展示了几枚硬币。

铜对于许多人来说并不陌生：它有着辨识度很高的颜色，应用十分广泛。生活中常见的硬币、门把手会用铜制造，因为铜能够杀死细菌，防止疾病传播；计算机中的散热片会用到铜，因为铜具有良好的导热性能；电路中的导线也可能含有铜，因为铜具有良好的导电性能。铜广泛地分布在地球上，并且会以纯净的金属形态附着在岩石上。早在公元前8000年，多个地区的人们就开始使用铜。

实物照片

铜是一种橙红色的金属，有时颜色因为表面氧化而变暗，被人们称为紫铜或红铜，而青铜、黄铜等是铜和其他金属形成的合金。此处展示了一块通过电解沉积形成的铜结晶，长期的缓慢生长让铜形成了大颗粒的结晶。

艺术插画

铜的使用有着悠久的历史。除了使用纯净的金属铜，人们在公元前4000年左右还学会用铜和其他金属制造青铜。青铜是一种更加坚固、耐用的合金。这幅插画展示了一尊鼎，鼎是中国历史上的一种青铜器。

xīn
锌
30

锌是一种并不受人瞩目的金属，大多数时候它是一个"辅助"角色。比如，锌可以和铜形成黄铜，黄铜具有更明亮的色泽，常用于制造乐器；锌也可用于制造牺牲阳极，保护钢铁，避免其受到锈蚀；锌还可以用在电池里，它在被腐蚀的时候释放能量，提供稳定的电流。锌之所以具有这些用途是因为它还具有一个特点——便宜。锌是一种廉价的金属，即便被消耗掉，人们也可以轻松地开采、冶炼锌。

实物照片

锌是一种蓝白色的金属。此处展示了一块沉积而成的金属锌，它是通过加热蒸馏去除一些杂质、冷却后自然形成的。这种锌可以作为工业原料，随后便会被加工成各种形状的金属制品。

艺术插画

我们在海边等户外场所游玩的时候要时刻提防被太阳晒伤，而涂抹防晒霜可以达到这个目的。防晒霜中常常含有氧化锌，这是一种白色的粉末，对于紫外线有着良好的吸收能力。这幅插画展示了一个人涂抹防晒霜的情景。

1871年，俄国化学家门捷列夫根据元素周期律，预测了当时并没有被发现的几种化学元素，其中包括位于铝元素下方的"类铝"。1875年，法国化学家布瓦博德朗在研究闪锌矿时意外地发现了镓，这种化学元素的性质与"类铝"一样，而且在元素周期表中它确实位于铝元素的下方。有趣的是，最初布瓦博德朗测得镓的密度为4.7克/立方厘米，而门捷列夫在没有见到样品、仅凭元素周期律进行推断的情况下，大胆地否认了这个结果。布瓦博德朗重新进行测量，得到了5.9克/立方厘米的正确结果，与门捷列夫的推断一致。

实物照片

固态的镓是一种蓝灰色的金属。此处展示了一枚用金属镓铸造的硬币，上面写有这种元素的一些相关数据。镓的低熔点让这枚硬币没有使用价值，甚至需要借助树脂外壳来保持形状，以防在高温天气下化成一摊液体。

艺术插画

当温度高于29.78摄氏度时，镓会变为液体，因此镓常被做成恶作剧用的勺子，这种勺子在热水或手中就会熔化。有时人们还会加入一些其他金属，控制勺子熔化的温度，用于不同的场合。这幅插画展示了一把在手中熔化的勺子。

锗和它后面的砷处于元素周期表中的一个特殊位置：它们的左边是不折不扣的金属，而它们的右边是地地道道的非金属。被两大"帮派"夹在中间的锗和砷集两家之长，兼具金属和非金属的性质。金属的导电能力强，非金属的导电能力弱，而锗和砷的导电能力处于二者之间。锗和砷可以像金属一样进行切削加工，但很容易像非金属一样碎裂。我们把这样的元素称作"半金属"或"准金属"。锗还有一项"独门绝技"：它可以用来制作特殊的光学器件，让红外线完全通过。

实物照片

锗是一种略带黄绿色的半金属。此处展示了一块通过熔炼得到的锗饼。与其他常见的材料相反，锗在冷却的时候会膨胀，即热缩冷胀。我们可以看到这块锗饼表面有凝固时形成的结晶纹路。从色泽上可以看出它并不像常见的金属，而是介于金属与非金属之间。

艺术插画

仔细观察这幅插画的细节，可以发现小女孩脚下的半导体芯片和手中特制的光学望远镜都用到了锗。

砷元素对于人类和大多数动物来说是没有好处的，含有砷元素的化合物大多数有毒，甚至有剧毒。一些科学家推测拿破仑的死因与砷元素有关，因为他的头发中砷元素的含量远超正常水平。除此以外，雄黄和砒霜分别是天然形成的砷的硫化物和经过提纯的砷的氧化物，很多人对这两个名字并不陌生。但是现在砷像改过自新一样，常用于制作芯片，用它那独一无二的性质造福人类。

实物照片

砷最常见的同素异形体是灰砷，它是一种银灰色的半金属。高纯度的砷单质在接触空气后会立即被氧化变暗，因此砷需要隔绝空气密封保存。这里展示了几块装在玻璃管中的砷，脆弱的性质使得这些碎块在相互摩擦、碰撞的时候产生了许多碎屑（图中未展示）。

艺术插画

为什么拿破仑头的发中含有那么多砷元素呢？有人认为，当时盛行的一种叫作巴黎绿的颜料就是含有砷元素的化合物，而拿破仑的房间里有大量用巴黎绿染制的墙纸。在潮湿的环境中，这种颜料经过微生物分解便形成了有剧毒的砒霜。这幅插画展示了使用这种绿色颜料制造的家具和衣物。

XĪ

硒

34

硒和光有着奇妙的缘分。硒单质和其他非金属一样，并不是良好的导电体。然而在受到光照射的时候，硒就会变成导电体。光线越强，硒的导电能力就越强。这种导电能力受到光照强度影响的材料称为光敏材料。凭借这种性质，硒有很多和光、电有关的用途，比如制造硒整流器和打印机中的硒鼓。硒还是一种对人体十分重要的元素——摄入不足或者过量都会导致疾病。

实物照片

此处展示了硒最常见的形态——"玻璃硒"，这是一种亮黑色的固体，颜色和质地完全没有金属的样子，而在破碎的地方显现出和玻璃相似的断口。这是非金属单质的典型特征，在剪切时无法像金属一样形成平整的表面。

艺术插画

硒是许多生物体细胞发育所需的重要元素，也是人体必需的一种微量元素。茄子、卷心菜、猕猴桃等都含有大量的硒。克山病是一种缺硒导致的地方性心肌病，科学家发现患有这种疾病的人体内硒的含量都低于正常水平，这很可能就是致病原因。一些保健品商家会向硒摄入不足的人群推荐膳食药丸，而它的功效和相关果蔬别无二致。

与其他非金属不同，溴是在标准状态（1个标准大气压和25摄氏度）下呈液态的唯一非金属元素。它是一种深红棕色的液体，在室温下会不断挥发，变成具有强烈腐蚀性和刺激性气味的蒸气。因此，在使用溴单质的时候，需要采取一些措施来防止它泄漏。值得一提的是，正是凭借这种性质，人们在发现它的时候用"公山羊的恶臭"来命名它。溴的化学性质十分活泼，它的单质不会独立存在于自然界之中。

实物照片

此处展示了保存在玻璃球中的一点液溴，强烈的挥发性让球内充满了红棕色的溴蒸气，本来无色的玻璃球变得像圣诞树上的装饰物。但是千万不能把它挂起来，因为稍不注意，打碎的玻璃球就会将整棵圣诞树毁掉。

艺术插画

溴的挥发性一直是一个吸引大家的话题。试想一下，一种深红棕色的液体在烧瓶里不断挥发，很快就把烧瓶染成了红棕色。它还会升腾出来，刺激性的气味让你不得不赶紧把瓶口塞上，然后转过头去，就像躲避恶魔一样。不过，欣赏这幅插画就没有这种苦恼了。

kè

氪

36

氪气是惰性气体家族中的另一个成员。因为读音的缘故，"氪金"和"课金"通常被混为一谈，后来逐渐被人们用来戏称自己被游戏商家坑钱的行为，从而衍生出了一个和氪的物理、化学性质完全没有关联的"应用"。在实际生活里，氪气有着独一无二的用途。作为一种惰性气体，氪气可以用来保护白炽灯中炽热的灯丝，使它的温度更高，发出的光更亮。

实物照片

此处展示的是一组被制成氪元素符号"Kr"形状的玻璃管，内部填充了稀薄的氪气。氪气是一种无色的气体，在受到高压电激发时会发出特征性的黄绿色辉光。

艺术插画

在欧美的流行漫画文化中，氪被赋予了另外一重身份。超人来自氪星，而虚构的矿物"氪石"正是他的克星。在接触"氪石"之后，超人就会失去超能力。这到底是为什么？我们就不得而知了，因为这本来就是虚构的故事嘛。

铷可能是碱金属家族中最不受关注的一员了。尽管碱金属都能和水发生剧烈反应，但铷没有什么特别之处。由于铷的某些性质并没有达到极致，因此在很多场合它会被其他碱金属代替。铷的分布十分分散，没有集中的矿藏，提纯困难，所以铷单质的价格很高。

实物照片

铷是一种略带黄色的银白色金属。此处展示的是保存在玻璃管中的金属铷。纯净的金属铷的用途很少，绝大多数供货渠道会以这种包装方式出售金属铷。这样的包装可以让铷在里面反复熔化、冷却，形成鱼骨状结晶，并且能够在温度不是很高（低于39.30摄氏度）的环境中长期储存。

艺术插画

金属铷会在接触水的瞬间熔化，变成小液滴，迸发出紫红色的火焰。当年，铷发出的紫红色火焰中的两条暗红色光谱线让人们意识到这是一种新元素，并用意为"暗红色"的"rubidius"将它命名为"rubidium"。

SĪ

锶

38

金属锶被批量生产出来后，常装在密封的金属罐子里出售，但是它没有特别多的用途。一些锶就这样不明不白地被生产出来，然后被不明不白地用掉了。锶的化合物具有一定的使用价值，在灼烧的时候会产生明亮的红色火焰，经常用在烟花中。当有一天锶的资源宣告枯竭或者人们需要大量锶的时候，他们会后悔现在如此"挥霍"吗？最近锶的一些应用正在兴起，或许是时候该考虑这个问题了。

实物照片

锶是一种略带黄色的银白色金属。此处展示的是通过蒸馏得到的金属锶结晶，簇状的金属晶体完美地填充在保护它的玻璃罩内，靠近底部的金属会被树脂底座中溶解的气体氧化，颜色稍暗，而顶部的金属则骄傲地展现着属于它的独特色泽。

艺术插画

这幅插画展示了锶的化合物的两种用途——为烟花带来红色，以及制作老式彩色电视机内的阴极射线管。锶可以有效地帮助玻璃吸收阴极射线管工作时产生的X射线，使其更加耐用。过去，这种用途大约消耗了锶产量的75%。随着阴极射线管被逐渐取代，锶的用量受到了严重影响。

钇单质的用途非常少，但还是有很多钇单质被生产出来，因为它和其他稀土元素分布在同一矿物中，人们在分离他们想要的稀土元素的时候就会得到这种副产品。当然，单质形态绝不是钇的最终归宿，它会被制造成合金或者化合物。著名的高温超导体钇钡铜氧（YBCO）中含有钇。

实物照片

钇是一种银灰色的金属，在干燥的空气中十分稳定，可以长期保持表面光泽。此处展示的是工业上的"中间品"——通过蒸馏提纯形成的高纯度钇，这样的外观使它除了收藏以外没有任何其他用途，往往会被重新熔化成规则的形态，以便进行二次加工。

艺术插画

这幅插画展示了一个美丽的小镇，房子坐落在河边，清澈的河水清晰地映出了它的倒影，天空中闪现着美丽的极光。这个北欧风情的小镇叫作于特比，位于瑞典，人们在这里发现了钇元素以及另外3种稀土元素。

gào

锆

40

　　锆是一种耐腐蚀的金属。在特殊环境中，常见的钢铁等金属材料会迅速受到侵蚀，而耐腐蚀材料能够抵御侵蚀，可以长时间使用。不同的耐腐蚀材料有着自己的专长，锆能够抵御酸碱，可以长时间浸泡在海水中。除此以外，锆对中子的吸收能力很差，经常用来制作核燃料的保护管。

实物照片

锆是一种略带黄色的银灰色金属。此处展示的是通过碘化物热分解法制得的锆结晶棒的一个切段。用来生产锆的原料包含锆和杂质，而这种结晶棒是人们尝试把二者分离的时候得到的有趣产物。纯净的锆基本上都会以这种形态和大家见面。这种样品十分常见，而且十分便宜。

艺术插画

锆的氧化物常常用来制造能以假乱真的仿钻。它具有高硬度和高色散度，看起来比普通的钻石更加璀璨。由于人工合成的缘故，这样的仿钻甚至完美无瑕，一般人用肉眼很难发现瑕疵。这幅插画展示了一块"钻石"，皮诺曹（又译匹诺曹）告诉你它是真的钻石，不过他的鼻子变长了。

铌

41

铌是一种亲和人体的耐腐蚀金属，它的表面可以通过阳极氧化的方法，在电流的作用下产生从红到紫的多种颜色，然后制成可以佩戴在身体上的挂饰。铌也是一种常见的金属添加剂，人们在冶炼合金的时候往往会加入一些铌，它能够显著提升合金的强度，从而大大减少合金的用量。

实物照片

铌是一种略带黄色的钢灰色金属。此处展示的是一种用铌制作的靶材。当人们想给一个物体表面附着一层铌的时候，他们就会采用一些手段，在特殊环境中借助电子束的轰击，把这种圆盘状的材料表面的金属铌转移到指定位置。随着不断消耗，靶材最终会呈现出这样的外观。

艺术插画

铌的英文名称源自希腊神话中的泪水之神尼俄柏的名字。尼俄柏声称自己的子女比女神勒托的多，她以此为借口要求民众膜拜自己，因此触怒了勒托，导致自己家破人亡。她在子女与丈夫的遗体旁边流泪化为石头。实际上，人们用尼俄柏的名字来命名这种元素的原因是它在元素周期表中位于钽的上方，而后者则是根据神话中尼俄柏的父亲坦塔罗斯的名字命名的。

mù

钼

42

在潮湿的空气中，钼会被氧化，失去金属光泽，并且发灰。不过钼能在高温环境中保持一定的强度，即便被灼烧至红热状态也不会破裂，因此经常被制造成具有特殊用途的零件。曾有故事说从矿工鞋子上掉落的钼矿石残渣让寸草不生的土地长出了草，虽然这种说法无从考证，但是钼确实是动植物体内不可或缺的微量元素。

实物照片

此处展示的是纯钼的碎块。经过熔炼的钼会变得十分致密，但是形成的大颗粒结晶又会让它变得十分易碎（金属在受到敲击的时候，会沿着构成它的结晶颗粒边缘断裂）。通过比对，我们能够发现金属在断面处会呈现粗糙的颗粒感，这和非金属的贝壳状断口截然不同。

艺术插画

适量的钼有助于动植物的生长，这是毋庸置疑的。许多蔬菜含有钼，菜花就是其中一种，适当摄入可以帮助我们补充钼元素。这幅插画展示了装在塑料袋里面的菜花，你注意到用于剪开塑料袋的剪刀了吗？生活中常见的许多金属工具都会用到含钼的合金。

锝在元素周期表中的位置有点尴尬，它周围的元素都很稳定，只有它是放射性元素。地球在诞生之时就形成了许多锝，而经过长年累月的衰变，它们已经所剩无几。如今我们使用的锝都是重新"生成"的，不过放射性具有一定的危险，因此锝在日常生活中的用途非常少。

实物照片

锝是一种银灰色的金属，因其具有放射性，我们很难见到纯净的锝单质。此处展示的是一瓶锝亚甲基二膦酸盐注射液，用于治疗类风湿性关节炎，这是锝为数不多的用途之一。

艺术插画

锝的一种同位素锝99m的半衰期为6.01小时，在衰变时能够释放强烈的伽马射线，在医学领域可以用作人体示踪剂。含有锝99m的化合物的溶液被注射到人体后，造影设备可以检测到它释放的射线，从而显示出相应器官的轮廓。

liǎo

钉

44

在元素周期表中,坚硬的钉是第一种贵金属元素。这类金属在地球中的含量普遍较低,具有美丽的外观和稳定的化学性质,因此具有一定的经济价值。人们一旦发现了它们的新应用,极低的产量就会使它们供不应求,价格瞬间攀升。过去钉只是偶尔被用作珠宝的镀层,而随着它用于生产高性能合金,其价格在几年间就变成了原来的10倍。

实物照片

钉是一种银白色的金属。此处展示的是通过气相沉积法得到的钉结晶碎片,细碎的结晶像微型森林一样,在形成美丽外观的同时也十分脆弱,很容易剥落。钉单质通常以粉末形态出售,方便二次加工。

艺术插画

这幅插画展示了一些俄罗斯元素,比如背景和手环的颜色对应于俄罗斯国旗的配色,人手中的卡片上印有莫斯科红场周围的著名建筑。钉的命名用于纪念发现者的祖国俄罗斯,科学家最早发现的钉的矿物标本来自俄罗斯的乌拉尔山脉。

铑是价格波动幅度最大的一种贵金属。由于它和铂矿伴生，是作为杂质被分离出来的，因此铑的供应量十分有限，价格会随需求剧烈变化，时高时低。它的价格曾在2021年3月达到了约6000元一克，在稳坐"最昂贵的金属"宝座两年多之后，在2023年6月跌到了约800元一克，失去了这个头衔。突如其来的价格变化让投资者望而生畏，并导致很少物件会用到大量的铑，首饰也只是表面镀有薄薄的一层铑。

实物照片

铑是一种银白色的金属。此处展示的是一个铑熔珠经过碾压加工后得到的薄饼，破碎的边缘显示铑比较脆，难以塑形。不过，这个问题不太值得我们担心，因为铑往往以很薄的镀层附着在物体表面，不需要经过这样的加工。

艺术插画

这幅插画展示了一朵鲜红的玫瑰。铑的名字源自"玫瑰红"，化学家威廉·沃拉斯顿通过一系列手段处理铂矿之后，在一种暗红色的粉末中发现了这种元素。经过分析，这种粉末的成分是三氯化铑。

bǎ

钯

46

作为贵金属家族的一个成员，钯在近几年也成为了国际贵金属市场的交易品，因此纯钯纪念币和锭条都比较常见。钯是一种在空气中能够长久保持光泽的金属，因此有些珠宝商会用薄薄的钯箔装饰珠宝。相对于其他元素，钯吸附氢气的能力最为出众，1体积钯可以吸收900体积的氢气。

实物照片

钯是一种淡黄色的金属。此处展示的是几块通过气相沉积法形成的金属钯结晶，它们的表面出现了一些凹陷，这是由于晶体生长过快，金属未能及时填充已经形成的晶体框架。这种结晶称为"骸晶"，在矿物标本中十分常见。

艺术插画

这幅插画展示了希腊神话中的智慧女神雅典娜。雅典娜还有另外一个名字"帕拉斯"。1802年发现的智神星是人类发现的第二颗小行星，被人们冠以这位女神的名字，而于同年发现的钯元素也沾了智神星的光，同样获得了一个美丽的名字。

银在很久以前就被人们发现和使用，是知名度最高的金属之一。银凭借着优秀的反光能力、导电能力和导热能力，在科研领域得到了广泛应用，其实用价值很难被超越。在中文里，"银"的部首"钅"意味着"极限"。银在很多方面如此出类拔萃，古人在给它取这个名字时有没有预料到这一点呢？

实物照片

此处展示的是制作珠宝首饰的银原料切块，可以根据使用要求任意切割。长期暴露在空气中的银的表面都会变暗，这并不是氧气在作祟，而是硫化物的影响。暗色的硫化银可以通过一些手段轻松除掉，让银恢复原本的光泽。

艺术插画

银在发现之时就用于制作首饰、餐具，因为银制品可以有效地杀死细菌，佩戴它们以及用它们盛放食物能够保护人体健康。银也自然而然地成为了一种铸造货币的金属。时至今日，我们还能够看到用银铸造的硬币和纪念币。

gé

镉

48

镉是一种廉价的金属，其性质和元素周期表中位于它上方的锌的性质类似，经常用作保护其他金属不被腐蚀的镀层，也用在可重复充电使用的电池中。镉具有强烈的毒性，历史上引起"痛痛病"的罪魁祸首正是它。因此，镉的应用近年来受到了很大的限制，在前面列述的应用和产品中也在逐渐被取代。镉将只在远离人们生活的地方发挥它的独特作用，扮演无名英雄。

实物照片

镉是一种银白色的金属，此处展示的是通过蒸馏形成的簇状镉结晶。镉的性质并不活泼，但是由于它的毒性，我们还是要尽量避免接触它。玻璃罩中的镉看上去与其他金属并没有太大差异，但是通过独特的叶片状结晶，你一眼就可以把它从诸多类似的样品中辨认出来。

艺术插画

这幅插画展示了绘有美丽花朵的画布，所用的亮黄色颜料正是镉黄。硫化镉呈黄色，硒化镉呈红色，它们分别是油画创作中常用的镉黄和镉红。将二者混合便会得到镉橘红。这一系列颜料的色彩鲜艳，遮盖性好，着色能力十分优秀，搪瓷、玻璃、陶瓷上的绘画也曾常用到它们。然而由于镉的毒性，人们已逐渐不再使用这些颜料了。

柔软的铟可以用指甲留下划痕，在和其他金属挤压的时候很容易形成合金。铟可以通过摩擦在黄金表面留下蓝色的印记，这便是二者形成的金属互化物，俗称"蓝金"。铟在加热时很容易熔化，熔化的铟会浸润大多数材料，可以用作黏合金属、玻璃的"胶水"。当然，这些并不是铟的主业，它的氧化物在电子工业中可是有着举足轻重的地位的。

实物照片

铟是一种银白色的金属。此处展示的是通过电解得到的铟结晶簇，由许多棱角分明的方形颗粒堆积而成，在光的照射下闪闪发亮。铟极其柔软，切割起来并不费劲，而这样的结晶簇也十分脆弱，很容易断裂。

艺术插画

随着电子工业的发展，具有透光、导电性能的铟的氧化物用量越来越大，多应用在液晶显示屏中。插画上的靛蓝色象征着铟的化合物在灼烧时发出的靛蓝色光谱，科学家据此发现了这种元素。

xī

锡

50

　　锡在低温下会发生同素异形体的转变，从柔软的金属变成粉末。这种性质让它声名显赫，甚至有的史学家一度怀疑它是拿破仑兵败莫斯科、斯科特带领的科考团在南极罹难的罪魁祸首。在寒冷的冬天，锡制的纽扣、焊缝很快就会破碎，这种性质大大限制了锡的应用。以我国为例，锡制品在南方要比在北方更常见。云南个旧是我国以盛产锡闻名的锡都。

实物照片

　　锡是一种略带黄色的银白色金属。此处展示的是一块由灰锡和白锡混合而成的锡饼，这样的景象往往出现在锡的转换过程中，并不会长久存在。在其中添加适量的其他元素，能够让这样的混合物变得稳定，可以在室温下长期保存。

艺术插画

　　我们平时接触的白锡是一种柔软的金属，由于它十分便宜，具有良好的可塑性，制成容器后的密封性很好，而且无毒，因此它经常用来制造盛放食物、茶叶的罐子，只不过我们需要注意不能让它暴露在低温环境中。

锑是一种有趣的半金属元素，它的外表是银白色，但是质地很脆，很容易碎裂。锑经常被添加到其他金属中形成坚硬的合金，它也是N型半导体中经常使用的掺杂材料，这种用途对锑的纯度的要求很高，因此高纯度的锑十分常见。值得一提的是，我国是世界上锑产量最高的国家，湖南冷水江市锡矿山乡被称为"世界锑都"。

实物照片

锑是一种银白色的半金属，此处展示的是一块通过蒸馏提纯而形成的锑结晶。收藏爱好者能够方便地获得这种美丽的样品。

艺术插画

你知道人类最早的化妆品是什么时候发明的吗？早在公元前3100年，人们就开始将一些带颜色的物质涂抹在皮肤上打扮自己。那时的埃及人发现了一种黑色物质，可以将其涂在眼皮上。这种物质是硫化锑，是天然矿物辉锑矿的主要成分。

dì
碲
52

你听说过碲吗？也许没有，但你一定知道黄金。告诉你一个惊人的事实：碲在地球上的储量只有黄金的三分之一，但它的价格是黄金的几百分之一。你可以尝试分析一下原因。尽管碲在地壳中的含量相当稀少，但是它的用途更少，而且它的一些"专门"用途还在逐渐被淘汰。除此以外，一些资料指出它还有一定的毒性。综合以上种种因素，碲被生产出来之后并没有多少用途，因此价格低也顺理成章。

实物照片

我们通常看到的碲是一种银白色的半金属。这一周期的元素到了碲这里开始具有一些非金属的性质，熔化的碲在冷却的时候可以形成美丽的晶体结构。此处展示的是一块中间裂开的碲原料。通过断面上从外向内延伸的纹路，我们能够推断出模具内部的温度逐步降低的时候，它是怎样凝固的。

艺术插画

尽管逐渐淡出了人们的视野，但碲曾经是我们在生活中的好帮手。这幅插画展示了它的一种应用。碲化镉是碲和金属镉形成的一种化合物，是一种重要的半导体材料。它可以和硫化镉一同用在太阳能电池中，高效地将光能转化为电能。然而这种化合物具有致癌作用，因此这种电池逐渐被无毒的硅基太阳能电池取代了。

　　紫黑色的碘在常温下呈固态，带有少许金属光泽，同时它的活性下降到了比较柔和的水平，可以用于医疗消毒，在杀死伤口处的细菌的同时不会对皮肤造成损伤。我们常见的两种消毒剂是碘酊和碘伏，它们分别是碘的乙醇溶液和碘与聚乙烯吡咯烷酮的络合物。前者在接触伤口时会带来刺痛感，不过这是乙醇的作用。碘伏并不会刺痛伤口，因此它更受欢迎。

实物照片

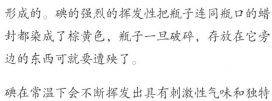

碘是一种紫黑色的固体。此处展示的是保存在称量瓶中的一点碘晶体，是通过蒸发碘的乙醇溶液形成的。碘的强烈的挥发性把瓶子连同瓶口的蜡封都染成了棕黄色，瓶子一旦破碎，存放在它旁边的东西可就要遭殃了。

艺术插画

碘在常温下会不断挥发出具有刺激性气味和独特颜色的碘蒸气。固体在不变成液体的情况下，直接变为蒸气的现象叫作升华。如果敞口放置，固态的碘会越来越少，直到最终全部变成蒸气。糟糕的是碘蒸气具有强烈的腐蚀性，它会腐蚀储存它的容器以及它能接触的大多数物体，只有玻璃等少数材料可以让它"安分"下来。

xiān

氙

54

其他惰性气体可能不太喜欢氙气，因为氙气砸碎了自家的门牌。人们曾认为这族气体的性质十分稳定，不会参与任何化学反应，可以广泛地用作保护气体。后来，人们成功地合成了惰性气体的化合物，第一种就是氙和强氧化剂发生反应形成的化合物。

实物照片

此处展示的是一组被制成氙元素符号"Xe"形状的玻璃管，内部填充了稀薄的氙气。氙气是一种无色的气体，在受到高压电激发的时候会发出特征性的天蓝色辉光。惰性气体的发光颜色和许多条件有关。在更高的压力和温度下，氙气能够发出更加耀眼的白光，可以用作影院中的放映机光源。

艺术插画

地球上的氙气很少，即便在最丰富的来源——空气中，氙气的含量也仅为十亿分之八十七（体积分数）。氙气很难获得，因此价格很高。在宇宙中，氙气则"丰富"一些。正如这幅插画所示，它是宇宙中超新星爆发的产物，这个过程可以创造出许多种化学元素。除此以外，一些放射性元素的裂变也会产生氙的多种同位素。通过测定它们的存在和比例，我们能够探测出核爆炸有没有发生。

铯是理论上最活泼的金属元素，它在元素周期表中所处的位置让它有着无比活泼的性质、最低的硬度以及很低的熔点（只有28.44摄氏度）。试想一下，一种金黄色的金属（装在密封玻璃管内）可以在你的手心中熔化，变成流动性很强的液体，在冷却的时候还会析出美丽的鱼骨状结晶。当看到铯的时候，你也许会像大多数人一样，瞬间被它吸引。但是请注意，这种有趣现象的背后隐藏着不小的危险！

实物照片

铯是一种金黄色的金属，此处展示的是保存在玻璃管中的金属铯，在熔化后冷却时形成了鱼骨状结晶。密闭的玻璃管可以让这种活泼的金属避免与空气接触，安全地反复演示熔化、凝固现象。然而稍高的室温就会让这样的结晶熔化，因此它不能够长期保持固态。

艺术插画

除了知名的反应活性，铯还是"时间"的代名词。1秒的定义是铯133的原子在基态的两个超精细能级间跃迁对应辐射的9192631770个周期持续的时间。有点复杂？没关系，仪器可以帮你测量出最精确的"1秒"。

钡是一种具有很强的反应活性的碱土金属，可以作为"吸气剂"除去真空环境中残留的最后一点氧气、氮气和水蒸气。许多有些年代的真空管中镀有一层薄薄的金属钡。透过玻璃，我们可以观赏到钡的真实面目，这对于一种活泼金属来说十分难得。钡能够和很多气体发生反应，所以它的表面的金属光泽非常难以保持，即便很少量的空气也会与它发生反应，从而让它失去光泽。

实物照片

高纯度的钡略带黄色。此处展示的是通过蒸馏得到的钡结晶，它并没有像其他金属一样将结晶伸展开来，而是形成了像花苞一样的簇状物。最有特点的是它的表面的光泽保持得很好，我们可以观察到没有被氧化的钡是什么颜色。

艺术插画

钡有两个特点让它出名，即毒性和绿色火焰。钡离子在人体内会影响细胞膜的通透性，从而让器官无法正常工作。不过，不溶的化合物就没有这个问题了。例如，硫酸钡对X射线不透明，可以被摄入体内，辅助诊断肠胃状态。有些烟花中会加入钡，从而产生明亮的绿色火焰。在英文中，钡的英文"barium"和"bury him"（埋葬他）的发音相似，加之强烈的毒性，不由得让人毛骨悚然。

镧是第一种镧系元素，从这里我们要再次接触稀土大家族了。镧的用途比较广泛，它的氧化物可以被添加到玻璃中，以提高玻璃的折射率。镧可以和其他金属形成具有储氢能力的合金。由于镧在地壳中的含量并不算非常少，大块的纯金属铸锭还是很常见的。

实物照片

镧是一种银灰色的金属。此处展示了几个保存在玻璃瓶中的金属镧切块，断面展示了镧本身的光泽。镧很容易被氧化，暴露在空气中时很快就会被氧化成粉末，因此需要储存在密闭的玻璃瓶中，瓶口再用凡士林密封。镧后面的三种元素都以这种形态出现，因此后面不再赘述。

艺术插画

这幅插画展示了镧的两种常见用途——制造镜头和灯具。添加了氧化镧的玻璃的折射率高达1.68~1.85，同时它有着很大的色散系数，拥有几乎无法匹敌的优良性能，在发明之初红极一时。碳弧灯会用稀土的氧化物提升发光质量，这一用途曾一度消耗了25%的稀土化合物。氧化镧是最早用于制造煤气灯纱罩的材料之一。在用火焰灼烧这种氧化物时，它会发出耀眼的光芒。

shì

铈

58

铈是地壳中含量最高的稀土元素，它的氧化物大量用于玻璃制造和金属抛光。铈的单质十分易燃，在刮擦金属铈锭时产生的热量就可以点燃其碎屑，产生绚丽的火花。由于高反应活性，纯净的铈单质暴露在空气中时会不断生成氧化物并剥落。纯净的金属铈的用途并不多，它的合金和化合物则十分常见。

实物照片

铈是一种银灰色的金属，此处展示了保存在玻璃瓶中的金属铈切块。

艺术插画

前面提到铈的性质十分活泼，刮擦下来的碎屑会在空气中自燃，而加入镧、铁等其他金属元素后形成的合金也具有这种性质。许多老式煤油打火机会用到这样的合金，通过摩擦让碎屑点燃饱含煤油的棉芯。除此以外，许多电影中夸张的火花特效也拜这种合金所赐，而在现实生活中我们很难看到这样的景象。

镨的性质和元素周期表中周围的元素十分相似，很久以前人们没有把它们区分开来的时候曾把它们的混合物当作一种元素来命名，我们可以从镨和钕的英文名字中找到一些蛛丝马迹。它们曾一同被命名为"didymium"，随后人们发现了一种嫩绿色（praseo-）的分离物，它便是镨（praseodymium），剩下的则是新的（neo-）"didymium"，被人们称作钕（neodymium）。

实物照片

镨是一种银灰色的金属，此处展示了一些保存在玻璃瓶中的金属镨切块。

艺术插画

镨和钕最开始被混为一谈并非没有原因，它们的性质十分相似，甚至还能共同发挥作用。这幅插画展示了其中一种用途——制造玻璃。镨和钕可以一起添加到玻璃中，产生淡粉色，用来抵消玻璃在灼烧过程中发出的黄光。这种玻璃常常用于制造玻璃工人佩戴的护目镜。镨可以给玻璃带来一系列深浅不一的黄绿色，十分可爱。

nǚ

钕

60

钕是一种活泼的金属，暴露在空气中时会快速失去光泽，并一直产生疏松的、无法保护内部金属的蓝灰色氧化物。放任不管的话，它最终会变成一堆粉末。因此，钕的单质乃至合金都需要额外保护。比如，钕铁硼磁体的表面有一层保护性的金属涂层。钕还有一个特点：它的离子的水溶液能强烈地吸收某些特定光谱，因此会在不同的光源下呈现不同的颜色。

实物照片

钕是一种银灰色的金属，此处展示了一些保存在玻璃瓶中的金属钕切块。

艺术插画

说到钕，你也许不会觉得陌生。钕铁硼磁体是现今应用最广泛的强磁体，在生活中随处可见，而钕则是它的关键成分。将钕加入磁铁中，能够让铁的磁极和钕的磁极固定在同一方向上，从而产生更强的磁力。钕铁硼磁体的强度是普通磁体的10倍，在麦克风、耳机等需要重量轻、磁力强的磁体的场合，它是不二之选。

钷作为一种放射性元素，被突兀地放在了元素周期表中的这个位置。由于自身会不断衰变并释放能量，激发荧光涂料发光，钷曾经在很短的一段时间内被用作自发光涂料，随后就被更加安全可靠的材料取代了。除此以外，钷偶尔会被用在荧光灯管的启辉器中，让灯管内的气体电离，在通电时被轻松点亮。

实物照片

因为钷具有放射性，我们很难见到纯净的钷单质。此处展示了一根使用钷作为发光涂料的表针。在发光表针的荧光涂料由危险、高污染的镭替换为安全的氚的过程中，钷在一个微妙的时刻成了衔接二者的过渡品，这也是它为数不多的大显身手的机会之一。

艺术插画

这幅插画展示了钷元素名字的由来。钷的名字源于希腊神话中从奥林匹斯山盗取火种并将其带给人类的普罗米修斯，象征着"人类的智慧和勇气及其被滥用的可能"。1902年，人们提出可能存在一种性质介于钕和钐之间的元素，于是许多科学家展开了研究。直到1945年，人们才从石墨反应堆里面的铀燃料裂变产物中发现了这种元素。

shān

钐

62

钐字的部首"彡"让我们联想到了它的树枝状外观。最常见的钐也就是工业上直接提纯得到的钐,是一种树枝状纤维结晶。高纯度的稀土化合物在被还原后往往会经过一次蒸馏提纯,得到的产物就是这样的。不过,纯净的钐长期暴露在空气中时,其表面会进一步发生氧化,逐渐变为灰白色,因此钐的单质并没有多少用途,而是多作为原料,用于合金的生产。这也是许多化学元素单质的最终归宿。

实物照片

钐是一种略带黄色的银灰色金属,此处展示的是通过蒸馏形成的金属钐结晶簇。钐也十分活泼,暴露在空气中时很快就会被氧化。工业上所用的钐也会以蒸馏方式进行提纯,但是得到的产物与这样的结晶簇略有不同,因为后者是专门为收藏爱好者制作的样品。

艺术插画

钐是一种高温强磁性材料的关键组分。以前提到的钕铁硼磁体有着优良的性能,但是在稍高的温度下就会失去磁性。钐和钴形成的磁体可以在钕铁硼磁体失效的温度下仍然保持磁性。除此以外,这种磁体还有着更高的灵敏度,可以用于制作拾音器,帮助电吉他捕捉手指细腻的演奏动作。

独特的电子结构使得铕成为了最活泼的稀土元素。新鲜的金属铕暴露在空气中时会迅速变成深棕色，随后变得色彩斑斓，并长出毛茸茸的氧化物。在接触水的时候，铕会和水发生反应，瞬间生成黄色的沉淀并释放大量的氢气。因此，铕的单质很少见。可别小看了铕的化合物。铕的氧化物具有荧光特性，能够吸收紫外线，然后发出低能量的荧光。旧式的阴极射线管显示器、荧光灯都利用这种元素产生红光。

实物照片

此处展示了通过蒸馏得到的金属铕结晶簇。用来黏合金属和底座的胶水中溶解了一部分空气，从而让接触它的金属铕部分氧化变暗，生成的不同厚度的氧化膜呈现不同的颜色。

艺术插画

虽然铕的名字有些陌生，但它经常出现在我们的生活中。荧光灯是一种常用的照明光源，铕就悄悄地藏在它的里面，和另外几种稀土元素一起发挥作用。除此以外，铕还可以制成荧光颜料和油墨。我们可以用紫外灯鉴别含有这种荧光颜料或油墨的艺术品和印刷品。

gá

钆

64

钆紧随着最活泼的镧系元素，但它是第一种较为稳定的镧系元素。钆具有诸多和磁相关的性质，它在较低的室温（20摄氏度）下可以被磁化成磁极材料并吸引其他物质，但是在略高的温度下只能被磁铁吸引。这种性质称作铁磁性，而钆也是常温下除铁、钴、镍以外唯一具有这种性质的元素。

实物照片

钆是一种略带黄色的银灰色金属。此处展示了一块通过蒸馏得到的金属钆，它来自一大块工业原料。这个样品的表面已经因氧化而变暗，但撕裂之后显示了贴合紧密的金属表面，那里的钆没有被氧化，光亮如新。

艺术插画

钆在实际生活中的应用并不多，但也和磁有关。在医疗领域，核磁共振成像常常需要用到一种叫作钆喷酸葡胺的造影剂。这种造影剂含有钆的化合物，特别适用于颅脑和脊髓的检查。这里展示了一幅用核磁共振成像技术拍摄的胸部图像。

作为在于特比（Ytterby）发现的4种稀土元素之一，铽的英文名字"terbium"也采用了"Ytterby"的一部分。铽是磁歪合金的重要组分之一，这种合金材料会随着磁场的变化而发生形变，用它制作的特殊扬声器可以使像桌子一样的固体表面振动发声，而普通的扬声器则依赖喇叭的纸盆振动发声。不过，需要这么强力的音响的场合并不多，知道铽的这种用途的人就更少了。

铽 Terbium
65
158.925

Tb

实物照片

铽是一种略带黄色的银灰色金属。此处展示了通过蒸馏形成的一块金属铽，它来自试剂公司。虽然纯净的铽几乎没有在化学反应中作为试剂使用的机会，但是一些含铽的合金需要用到单质形态的金属铽，而且往往对它的纯度有一定的要求。

Tb   65

TERBIUM

艺术插画

在其他元素的帮助下，含铽的磁歪合金大放异彩，不过纯净的铽的用途很少。你也许没听说过铽这种元素，不过你应该见过它。铽偶尔应用在荧光粉中以产生绿光。稀土中有三种元素可以分别发出红光、绿光和蓝光，它们分别是铕、铽和铈。这类稀土发光材料具有优良的性能，用它们制成的荧光灯的发光效率比普通白炽灯高两倍。

有人说镝是一种没有实际用途的稀土元素，这是因为他们没有了解到它的一些鲜为人知的用途。实际上，镝的单质可以吸收核废料产生的中子，不同的镝合金可以用来记录数据或者通过磁场变化制冷。镝的英文名字为"dysprosium"，源自希腊语"dysprositos"，意为"难以取得"。

实物照片

镝是一种银灰色的金属。此处展示了一块通过蒸馏形成的金属镝，簇状金属沉积在底座上，自下而上长出了羽毛状结晶，层层叠叠地堆积在一起，末端因略微氧化而发暗。镝可以长期稳定地保存在空气中。

艺术插画

镝几乎不会和生活中任何常见的东西产生联系，因此绘制和它相关的插画很难，但这并不意味着无法做到。镝和其他几种稀土元素一同生产出来、很难相互分离的原因是它们一同存在于某些矿物（如磷钇矿）中。这种矿物里面的钇有时候会被镝、铒、镱甚至钍、铀等元素替代，因此这种矿物具有放射性。

在"磁学座谈会"上，钬也有列席的资格。钬具有相当大的磁矩，可以在核磁共振成像仪中充当磁极片，用来产生极为强大的磁场，以至于人体内存在的金属碎片都会受到影响。钬也是制造激光器件的理想添加材料，能够产生精度更高的激光。除此以外，钬还有一项元素之最：氧化钬是顺磁性最强的物质之一。

钬 Holmium
67
164.930
Ho

实物照片

钬是一种银灰色的金属。此处展示了一块通过蒸馏形成的金属钬，它被撕裂后呈树枝状。稀土金属大多以化合物的形态进行提纯，再被活泼金属还原，最后通过蒸馏去除前一步引入的杂质，所以它们都是以这样的结晶形态出现在我们的眼前的。

Ho   67

HOLMIUM

艺术插画

"嗬……嗬……嗬……"每逢圣诞夜，圣诞老人都是一边这样笑着，一边带着礼物从烟囱爬到你家里的。等等，为什么这幅插画上画的是圣诞老人？因为钬元素的磁性很容易让人想到地球的南北两极，而且它的元素符号"Ho"的发音和圣诞老人的笑声很相似。

ěr

铒

68

铒也是在于特比发现的4种稀土元素之一。和铽不一样，铒以独特的光学性能作为名片：玻璃中添加铒以后会呈美丽的淡粉色，当然这样做的意义远不止于装饰。掺有铒的光纤能够储存预先"注入"其内部的激光的能量，在受到特殊波长的光脉冲激发时，铒会把这些能量释放出来，从而让光信号在传导过程中得到增强。

实物照片

铒是一种银灰色的金属，此处展示了一块通过蒸馏形成的金属铒。通过侧面撕开的部分，我们可以发现斜坡处凹凸不平的金属表面由结晶颗粒拼接而成。值得注意的是，到了铒这里，稀土金属表面的色泽已经开始发亮。

艺术插画

先前提到将铒掺入玻璃中能够形成美丽的淡粉色，但形成这种颜色的化合物并不多。这幅插画展示了一块掺有铒元素的淡粉色玻璃。别忘了，掺有铒的光纤还能增强信号，用在一些需要长距离传输信号的特殊场合。这种光纤也呈淡粉色，只可惜通常看不到。

铥的用途的确少得可怜，首先我们敢保证你肯定不会看到纯铥制品。其次，除了通过蒸馏方式生产的铥（往往带有树枝状结构），你见不到其他形态的铥。这是它最初生产出来时的形态。铥几乎无法加工，粉末状的铥会在空气中自燃，而熔融状态下的铥无法聚集在一起。只有试图加工它的人才会面对这种难以想象的困难。

实物照片

铥是一种银灰色的金属。此处展示了一块通过蒸馏方式生产的金属铥，它在切割的时候会沿着金属结晶颗粒的末端断裂，因此你能够看到结晶颗粒原先是如何相互连接的。铥的稳定性比铒的更强一些，只要不暴露在潮湿的空气中，它就可以长期保持光泽。

艺术插画

几年前，如果你试图查找和铥的应用相关的资料，你的搜索结果会是一无所获。不过，最近一种应用缓解了这种尴尬局面：一种掺有铥的石榴石激光材料可以发出波长为1930~2040纳米的激光，能有效地消融人体组织的表面。

yì

镱

70

由于独特的原子结构,镱比元素周期表中周围的稀土元素稍微活泼一点。长期暴露在空气中时,镱略带黄色的表面会轻微地发生氧化,变成灰色。前面介绍的几种稀土元素分别展现了它们在光学、磁学等领域的应用,镱则有着它的应用领域。镱可以用来制作极为精确的原子钟,对时间进行标定。这种原子钟是目前最为精确的,就算运行时长与宇宙的年龄相当,其误差仍小于1秒。

实物照片

此处展示了经过熔炼形成的镱金属饼。注意到它的表面有两个洞了吗?这样的金属饼在生产出来之后,厂家需要经过钻探,从它的内部取样进行分析,这样才能够避开表面的氧化层,测得更准确的纯度。同一批次生产出来的金属饼可能只有一两份才会做这样的检测,所以你下次见到它们的时候不要感到奇怪哦。

艺术插画

镱可以用来制作原子钟,但目前这种仪器主要还是用铯来制造的。镱更广为人知的应用是作为激光纤维的掺杂剂。镱激光器的效率高,寿命长,可以产生很短的脉冲。种种优势让它脱颖而出,成为了这个领域的明星,当然也少不了最关键的一点:把镱掺入激光纤维的工艺。

在过去，人们很难从矿物里面把稀土金属分离出来，那时镥是相当昂贵的一种元素，同时也是用途最少的元素之一。尽管2023年关于室温超导的报道让人们重新注意到了它，但是你查阅各种资料后不会发现镥有什么用途，而且所谓的"室温超导"也不是真的。镥又淡出了人们的视野。

镥 Lutetium
71

Lu

实物照片

镥是一种银灰色的金属。此处展示了一块通过蒸馏形成的金属镥，这块薄薄的金属片由许多颗粒结合而成，是拥有高纯度且价格不菲的样品，只有在对纯度有着高要求的场合，它才会以这种形态出现。镥单质本身不多见，而外观好看的更是万里挑一。

艺术插画

这幅插画所展示的法式建筑或许让你有些摸不着头脑。按照地区、国家命名的元素不少，在前面我们也见到了几种。对于很多元素来说，我们能够直接从它们的名字里解读出命名依据，而有些元素则绕了一个弯子。例如，镥是根据巴黎古地名的拉丁文名称"Lutetia"来命名的。镥元素被发现后，人们提出的命名方案不少于5种，而最终脱颖而出的则是这个有趣的名字。

铪既耐腐蚀又有着柔和的光泽，从外表到性质都是一种十分讨人喜欢的元素。铪在高温下容易发射电子，使空气电离，产生的等离子体可以用来加热、切割金属。在这种用途中，铪是最理想的材料，而这也几乎是它唯一能够在我们身边施展身手的机会。铪不那么常见的应用也有，这和元素周期表中位于它上方的锆有些关系，那是什么呢？

实物照片

铪是一种银灰色金属，此处展示了铪结晶棒的一个切段。这种结晶棒是用碘化物热分解法加工出来的，这是一种分离金属原料和杂质的有效方法。铪能在特定温度下和碘化合，而又能在特定温度下分解，缓慢地沉积到金属丝上面。这个结晶棒切段剖面的放射状纹路清楚地展示了它的生长过程。

艺术插画

锆和铪的原子半径相似，化学性质的差别极小，因此二者很难分离。而它们恰巧分别是俘获中子能力最弱和最强的元素。锆对于中子束来说几乎是"透明"的，而铪则是坚不可摧的屏障。在核反应堆和核潜艇中，这两种元素都是不可替代的。

钽的外表并不讨人喜欢。不管怎样清洗、抛光，它的表面永远是灰蒙蒙的，没有出众的颜色和动人的光泽。在见过各种元素的真实样貌之后，你很可能把它评为"最丑的元素"。钽不会被人体排斥，广泛用于制作人造移植体、缝合线等医疗器材，它的耐腐蚀性保证了它能够在这方面稳定地发挥作用。

实物照片

钽是一种略带紫色的灰黑色金属。此处展示了一块通过熔炼形成的钽饼，其表面的树枝状、鱼骨状纹路是这种难熔金属在冷却收缩时形成的。绝大多数金属在熔化之后快速冷却时会发生显著的收缩，暴露出里面刚刚冷却结晶的金属。

艺术插画

钽是制造高性能电容器的重要材料，钽电容器具有体积小、重量轻等优点，在几乎所有的现代电子产品（如手机、计算机、电视机、遥控器等）中相当常见。如果没有钽，这些电子产品的工作效率都会大打折扣，甚至无法像现在这样小巧。

wū

钨

74

钨是金属元素中熔点最高的，并且是一种密度很大的金属。纯钨制品往往有着和外表不相符的重量，你在拿起它们的时候可要做好心理准备，千万别一不留神砸到了脚。有趣的是，它的密度和黄金相仿。

实物照片

钨是一种略带黄色的钢灰色金属，此处展示了废弃的钨坩埚的一个碎块。长期在高温环境下工作使得它的结构发生了改变，变得脆弱、易碎，从而报废。仅凭观察图片，你无法想象它的重量究竟有多么惊人。

艺术插画

在过去十分常见的白炽灯中，最关键的灯丝是用钨制作的，钨的高熔点能够让灯丝被加热到相当高的温度发出明亮的光芒。这幅插画的设计灵感来自美国神经学家奥利佛·萨克斯的经典作品《钨舅舅》，这部少年回忆录记载了作者的许多有趣经历，启发了一代又一代小读者。

铼也十分沉重，其实我们已经不知不觉地来到了"沉重领域"，接下来的几种化学元素都有着极大的密度，这段旅程会一直持续到大家熟悉的金。除了密度大以外，铼十分稀有，在地壳中的含量极少。1928年铼刚被发现的时候，科学家只从矿石中提取出了1克铼。

实物照片

铼是一种钢灰色的金属。此处展示了一块通过化学气相沉积法形成的高纯度铼结晶，是一份极为罕见的样品。不规则的大颗粒让它没有任何使用价值，而它存在的唯一意义就是取悦元素收藏爱好者，同时让更多的人见识它奇妙的外观和让人惊讶的重量。

艺术插画

你或许从来没有听说过铼，因为这种元素的应用场合并不是我们的生活场所，它主要用在一些远离生活的领域。铼单晶合金叶片用在追求卓越性能的战斗机上，在战斗机报废之前，它都不会出现在公众的视野内。

é
锇
76

锇有一个没有争议的头衔：密度最大的元素。这种金属表面带有一丝独特的淡蓝色，让你一眼就能够把它从众多金属中辨认出来。关于锇的淡蓝色，人们众说纷纭。有人认为它来自锇在空气中形成的二氧化锇（OsO_2），更主流的观点则认为这种颜色是与生俱来的。破碎的金属锇所展现的新鲜断面也带有一抹淡蓝色。

实物照片

此处展示了一块通过化学气相沉积法形成的锇结晶。在氯气的帮助下，锇原子从原料上被缓慢地转移到容器壁上，经过长时间的沉积就形成了这样的结晶。这个过程可能要持续几个月，完全超乎你的想象。有趣的是，尽管这块结晶的一侧薄如蝉翼，但是锇的高密度还是让它拥有令人咋舌的重量和价格。

艺术插画

锇极其坚硬，但很脆弱，无法被加工成金属制品。更多的时候，人们会把锇制成合金，以保证合金具有足够的硬度和一定的韧性。如这幅插画所示，过去一些钢笔的笔尖是用含锇的合金制造的。

铱具有相当大的密度，仅次于锇，甚至人们在很长一段时间内搞不清楚它们的密度谁大谁小。不过，铱也有不少"冠军头衔"。综合多种环境下的数据，铱是耐腐蚀能力最强的金属元素。尽管铱是地球中含量最少的稳定元素，但是由于它经常被用来制造耐腐蚀的容器和合金，它的用量还是不小的，这也导致了它的价格一直居高不下，甚至在2023年一跃成为了最昂贵的金属。

实物照片

铱是一种略带黄色的银白色金属。此处展示了一块表面附着铱的坩埚碎块，这种坩埚由二氧化锆制成，曾长期用来处理金属铱。在微量氧气的作用下，一部分铱被转移到了坩埚上，并经过缓慢沉积形成了细小的金属颗粒。铱高昂的价格让这种本来应作为废料丢弃的东西被精心保存了下来。

艺术插画

铱的英文名字"iridium"来自希腊神话中的彩虹女神伊里斯（Iris），这是因为铱的化合物有着多彩且鲜艳的颜色。Ir_2O_3呈蓝色，IrO_2呈蓝黑色，$Ir(OH)_3$呈黄绿色，$IrCl_3$呈深绿色，$IrCl_4$呈深棕色。如此多变的颜色让铱给科学家留下了深刻印象，自然而然地和彩虹女神挂上了钩。

bó

铂

78

铂也称为白金，是人类历史上声望最高的金属元素。金卡会员？在它的上面一定还有一级——白金会员。铂在工业上作为催化剂具有无法被替代的地位。虽然是在见不到光亮的黑漆漆的地方工作，但要是没有了铂，汽车尾气中有害的氮氧化合物的处理至今仍会是一个让人头疼的难题。

实物照片

铂是一种略带黄色的银白色金属。此处展示了一块通过化学气相沉积法形成的铂结晶。铂常用来制作钻戒的戒托，但它的结晶颗粒也十分璀璨夺目。

艺术插画

铂具有沉重的手感、靓丽的外表以及稳定的性质，而且容易加工，因此它是制造首饰的上佳之选。用纯铂铸造的投资锭条也是铂的一种常见形态。

金在很早以前就被人类发现和利用，凭借着金黄的色泽和稳定的性质，在人类的历史上一直作为财富的象征，大量用于制作首饰、货币，是人见人爱的元素。金在工业上也有举足轻重的地位，十分受欢迎。金最常见的用途就是制作保护电路接口的镀层，一层薄薄的金就能够保证接口不生锈，可以长时间使用。金在电子工业上的用量很大，催生出了从废弃电路板中提炼金的业务。

实物照片

金是一种黄色金属，有光泽。此处展示了一块通过化学气相沉积法形成的金结晶。金具有太高的知名度，我想这个独特而精美的样品能够配得上它，作为金元素的代表。

艺术插画

金的名声如此响亮，无人不知，无人不晓，但是你能说出金有什么特点吗？我来告诉你一个：金是所有金属中延展性最好的。通过反复捶打，金可以变成只有几百个原子那么厚的薄片，被称作金箔。在这种厚度下，它表现得更像胶水而非金属，可以在静电的作用下吸附在物体的表面，这样我们就可以用尽可能少的金来装饰物品了。

gǒng

汞

80

　　汞，俗称水银，是熔点最低的金属，在室温下是一种银白色的液体，容易和很多金属（如金）形成合金。汞曾经是一种从金矿中提炼金时所用的试剂，老一代的金矿工人都知道这种放水银"咬"金子的方法。当然不只是黄金，汞和其他金属形成的合金在特殊场合中也具有一定的用途。举个最简单的例子，汞在溶解银之后得到的合金可以用来补牙。

实物照片

汞是一种银白色的金属，此处展示了几滴汞。作为熔点最低的金属，它理应以液体的形态出现在大家面前。如果汞洒出来了的话，映入你眼帘的就是这番景象，但这绝对会让你无比头疼。

艺术插画

液体多种多样，为什么体温计会用有毒的汞来制作呢？这是由于汞受热后膨胀得比较均匀，而且不会浸润玻璃，这样体温计的读数才准确。不过有利就有弊，由于汞的毒性，在体温计打破之后，需要立即处理散落的金属汞。

铊在过去是很著名的毒药，由于它的毒性，我们在日常生活中几乎接触不到铊。正是因为接触不到铊，人们才对它很好奇，甚至有关于铊的种种谣言。事实上，铊并不是最毒的元素，很多元素的毒性都比铊强，治疗铊中毒也并不困难。但是，铊中毒的症状很容易被误诊为其他疾病，从而使受害者错失了获救的最佳机会。

实物照片

铊是一种银灰色的金属。此处展示了一块纯净的金属铊。单从外表来看，它与其他金属并没有太大的区别。

艺术插画

铊曾是老鼠药的一种很常见的成分，后来的老鼠药就不含铊了。

qiān

铅

82

在汉语中，铅常用来象征沉重，如"腿像灌了铅一样"。尽管铅的密度只是密度最大的元素锇的一半，但是它更为大众所知。铅的使用有着悠久的历史，它很早就被人们发现了。在小亚细亚，人们发现了公元前6500—前7000年制造的铅粒。

实物照片

铅是一种略带蓝色的银灰色金属，此处展示了几根铅条。铅的性质算不上稳定，光亮的铅暴露在空气中时很快就会失去光泽，形成致密的氧化物将内部的金属保护起来。在熔化时，新鲜的铅金属会挤破这层保护膜淌出来。

艺术插画

含铅的矿石十分常见，有时它是作为提炼银的副产品被生产出来的。这导致以前的人们想尽办法为铅寻找用途，否则真的消耗不了这么多铅。铅曾被古埃及人用作化妆品，一些地方的人会用它制作书写工具，而古罗马人用它制造水管。就像这幅插画所展示的一样，流经铅制管道后，水就变得有毒了。

铋的放射性极其微弱，难以被检测出来，以至于在很长一段时间内人们都认为它是最后一种稳定的元素。不用担心，铋还是很安全的，它的放射性甚至比人体的放射性还要弱。是的，你的身体也有微弱的放射性，这源于你摄入的食物。放射性并不可怕，在一定的剂量范围内，它不会对健康产生影响。

实物照片

铋是一种淡粉色的固体。此处展示了一块铋晶体。不少人听说过铋，并且一眼就能把它辨认出来。铋晶体具有多彩的颜色和独特的"回"字形结构，稍微变换一下角度就会是另一番模样。就像树叶一样，世界上没有任何两块铋晶体是一模一样的。

艺术插画

液态的铋很容易结晶，表面带有余温的晶体暴露在空气中时会形成不同厚度的氧化膜，产生多彩的颜色。当没有氧化膜覆盖在表面时，铋是一种可爱的淡粉色固体，兼具金属和非金属的外观。就像这幅插画中的梯子一样，铋还是连接稳定元素与放射性元素的桥梁。

pō

钋

84

钋具有强烈的放射性。随着原子序数的增加，钋和它后面的元素的原子核不再稳定了。钋在衰变的时候释放出 α 粒子，能够让空气电离并导电，因此它曾经用于制作除静电刷。这也是它在生活中仅有的应用了。自然界中钋最稳定的同位素钋210的半衰期只有138.4天，这意味着一把除静电刷在生产出来之后没多久就会失效。而钋的其他同位素的半衰期更短，更难有实际用途。

实物照片

在现实生活中，我们很少有机会接触钋。此处展示了一把含钋的除静电刷，生产于1985年5月。钋在衰变时会使附近的空气电离，从而清除物体表面的静电，让这些电荷发生转移。

艺术插画

1947年，美国的一份麦片粥只要15美分。那时售卖的Kix牌麦片粥有一种独特的赠品——闪烁镜戒指。这种"玩具"依靠钋衰变时释放的 α 粒子轰击硫化锌屏幕，从而形成光点。这是个很好的营销手段。摘掉它后面的塑料壳，你可以在昏暗的环境中通过小孔观察到另一个奇妙的世界。

砹位于卤族，这一族元素外观的递变具有十分明显的特点：颜色越来越深，形态也由气体变为液体，再变为固体。很可惜，我们无法用肉眼看到砹。砹的的确确存在于自然界中，但是它的含量少到我们根本无法从自然界中获取它，往往只能通过核反应制造极微量的砹。由于砹的放射性，人们仅把它的一种同位素砹210用在医疗领域，而8.1小时的半衰期让它只能现用现制。

实物照片

砹具有强烈的放射性，我们在现实生活中几乎没有机会接触它，因此也很难用一份样品来代表它。此处展示了一份钙铀云母矿石标本，它含有的铀元素在衰变时可能会偶尔产生几个砹原子。

艺术插画

关于砹的性质，人们众说纷纭。根据卤族元素呈现的外观递变规律，我们有理由认为砹是黑色的固体，也许具有一些金属光泽。然而随着原子序数的增加，原子核的结构越来越复杂，这种规律有时不再成立。一些资料认为砹的单质会发出幽幽的蓝光，这源于它极为强烈的放射性衰变。

dōng

氡

86

氡气对我们来说并不陌生，你可以问一问家里的大人，他们在装修时也许听说过这个名字。氡气可以由大理石中的放射性元素衰变产生，沉积在比较低的地方。它具有放射性，被吸入人体后会造成内照射，因此人们总是在想办法检测并去除聚积在地下室中的氡气。

实物照片

大理石中往往混有一些含钍的矿物，钍在衰变时可能会产生少量氡气，因此大理石在家装行业中的应用受到了一些限制。

艺术插画

让我们感到惊讶的是，当一些人在绞尽脑汁、借助各种设备检测和去除氡气的时候，另一些人对其趋之若鹜。许多商家宣称一些从地下涌出的温泉水中含有氡气，适量吸入氡气有益于健康。前半句话当然是真的，因为地下埋藏了大量含有放射性元素的矿石，泉水在流经它们时可能含有一些氡气。但是，后半句话就大错特错了。现在科学已经证明，无论剂量多少，这种做法都是不可取的。

钫有一个让人不易察觉的头衔：它是最后一种在大自然中发现的元素。人们一直认为元素周期表的这个格子不是空白，这里应该有一种极为活泼的金属元素。但人们没有想到，钫的半衰期最长的同位素是钫223，而它的半衰期仅为22分钟！这不光为人们寻找它带来了极大的困难，也让人们很难为它开发出实际用途。在天然情况下，微量的钫存在于一些含放射性元素的矿石中，这是由于重核元素的衰变会产生钫。

实物照片

钫具有强烈的放射性，在现实生活中我们几乎没有机会接触它，因此很难用一份样品代表它。此处展示了一份钍石矿标本，它含有的钍元素在衰变时可能会产生几个钫原子。

艺术插画

凯旋门、埃菲尔铁塔，从这幅插画的内容和钫的英文名字中你就能对它的身世窥知一二了。钫于1939年发现于法国，发现它的科学家用自己祖国的名字来命名这种元素。要知道这是难得的殊荣，元素周期表中只有5种元素是用国家命名的，它们是锗（德国）、钌（俄罗斯）、钋（波兰）、钫（法国）和镅（美国）。

léi

镭

88

如果说要评选20世纪最风光的一种元素，镭绝对当之无愧。你很难想象，镭和它的放射性对于当时的人们来说到底有多大的吸引力。那个时候，放射性是一种无比神奇的性质，人们甚至认为它会对健康产生积极的影响，于是把镭用在了各种生活用品里，因此也酿成了许多惨剧。时至今日，众多含镭的物品中只有使用含镭的发光涂料的钟表被留存了下来，而且经过了妥善的防护。

实物照片

此处展示了一个使用含镭的发光涂料的闹钟，这在过去可是十分常见的物件。随着镭的危害被人们逐步发现，闹钟里用来发光的镭渐渐地被其他材料取代，淡出了我们的生活，成为了历史。

艺术插画

镭没有机会再活跃在我们的生活中了，但是在文献资料里，它可是一个明星。镭的发现功归于皮埃尔·居里和玛丽·居里，他们就是大家熟悉的居里夫妇，是最早研究放射性的科学家。他们首先发现了镭，并费尽千辛万苦让人们认识它。

大自然中也有锕，它们是通过放射性元素的衰变产生的，存在于天然放射性矿石中。每吨铀矿石中含有约0.2毫克锕，只不过这个量对于我们收集和使用锕来说没有什么意义。人们在使用它的时候一般都是通过核反应来制造它。锕是锕系元素中的第一种。从它开始，我们将见到一系列彼此相似的元素。

实物照片

锕具有强烈的放射性，在现实生活中我们几乎没有机会接触它，因此很难用一份样品来代表它。此处展示了一份钒钾铀矿标本，其中含有的铀元素在衰变时可能会产生几个锕原子。

艺术插画

你可能会好奇，在大自然中很难找到锕，我们怎么制造和使用它呢？答案在于它的一个关键性质：锕可以被离子交换树脂吸收、富集。通过核反应，用热中子照射镭226，可以生产锕227。随后通过树脂吸收、分离，我们就能够得到这种罕见的元素了。

钍一度离我们的日常生活很近，甚至在今天的生活中你还有机会见到它。氧化钍是熔点最高的氧化物，在被灼烧的时候会发出十分耀眼的光芒，因此可以做成煤气灯纱罩，用于照明。由于这种用途太重要，以至于当初人们并没有考虑钍具有放射性。它的另外一种用途是制造含有微量钍的钨电焊电极，轻微的放射性有助于空气电离。

实物照片

钍具有强烈的放射性，在现实生活中我们很少有机会接触它。钍是一种银灰色的金属，这里展示了一块经过熔炼后撕裂得到的金属钍，能够显示出它很容易被氧化，新鲜的金属表面无法在空气中长期保持光泽。

艺术插画

中国有丰富的钍资源，我们肯定不会因为钍的放射性而对它嗤之以鼻。相反，钍的放射性还为它的应用开辟了"绿色通道"。正如这幅插画所示，钍在衰变的时候会释放大量能量，是一种极具前景的核燃料，未来的核电站中肯定少不了它的身影。钍经过中子轰击可以产生铀233，这也是一种优良的核燃料。

镤是一种天然存在的元素，但是它在地壳中的含量极其稀少。过去曾有少量的镤被科学家提炼出来，用来研究它的性质和开发用途，但是结果很不乐观。从我们现在很少听到镤的名字以及根本看不到它的应用，就能够知道它是一种极其冷门的元素。

镤 Protactinium
91 231.036
Pa

实物照片

镤具有强烈的放射性，在现实生活中我们也几乎没有机会接触它，因此也很难用一份样品代表它。此处展示了一份铜铀云母矿石标本，其中含有的铀元素在衰变时可能会产生几个镤原子。

Pa 91
PROTACTINIUM

艺术插画

为什么用铀矿石和钍矿石来代表那些放射性元素？因为它们没有实际用途，也没有独立的矿藏。这些元素处于铀和钍的衰变链条上。放射性元素在衰变的时候会随机选择一个方向，然后在分岔的地方随机选择另一个方向，如此反复，你永远无法得知一个铀原子在什么时候发生衰变，也不知道它会变成什么元素。正是这样的随机性才让化学式中完全不含某种元素的矿石合理地成为它的代表。

铀是最适合代表"核"这个字的元素。核武器、核电站、核废料、核辐射，它们都和这种在地球上含量高且容易被利用的元素有关。铀通常被认为是地球上天然形成的质量数最大的元素，因为在地球诞生之时，超新星爆发所产生的能量最多只能把质子和中子"拼凑"成铀，更重的元素则需要更高的能量。但这并不意味着铀位于元素周期表的末端，在它的后面还有一系列各式各样的元素，只不过我们无法在大自然中找到它们，而且它们和生活越来越远。

实物照片

铀具有强烈的放射性，我们在生活中很少有机会接触它。此处展示了一个含铀的玻璃摆件。在玻璃中加入铀的化合物可以产生这种艳丽的绿色，使得玻璃变得更加漂亮，能够在紫外线的照射下发出荧光，同时具有一定的放射性。现在，我们很少能够看到这种铀玻璃工艺品。

艺术插画

添加氧化铀制造铀玻璃具有悠久的历史。人们在中世纪发现沥青铀矿以后，从中提炼出来的铀的化合物就开始用来为玻璃着色了。19世纪末期，玻璃工人制造出了不透明的白色铀玻璃，从而让它得到了一个今天还在使用的别称——凡士林玻璃。

前面提到，铀是天然形成的质量数最大的化学元素，而镎是第一种"超铀元素"。虽然它的原子序数比铀的原子序数大，但是这不意味着它不能存在于大自然中。等等，这是不是和我们在铀那里说的话矛盾了？实际上，天然的铀238会通过衰变产生极少量的镎238和钚238，但这个过程充满随机性，人们习惯上认为铀是天然形成的质量数最大的元素。但是无论如何，这种元素对于我们来说没有任何使用价值。

实物照片

镎具有强烈的放射性，在现实生活中我们几乎没有机会接触它，因此也很难用一份样品代表它。此处展示了一份沥青铀矿标本，其中含有的铀元素在衰变时可能会产生几个镎原子。

艺术插画

镎的命名很简单。位于它的前面的铀是用uranus（天王星）命名的，那么紧随其后的应该就是neptune（海王星）了。当然，镎的存在意义远超做一个"小跟班"。从镎开始，人们不再从大自然中寻找化学元素了，而是通过不同的核反应，在核裂变产生的碎片中搜寻新的元素，从而开创了一段新的科学史。

自从人们发现钚以后，用钚制造的核弹马上就应用在第二次世界大战中，因此它摆脱不了和核武器的关联。换句话说，战争促成了它的用途开发。然而战争结束后，钚也没有销声匿迹，它成为了核电站常用的燃料，也用在微型核热电池中。在绝大多数国家，钚受到了严格的管控，因此我们没有机会一睹它的真容。

钚 Plutonium
94
Pu

实物照片

钚具有强烈的放射性，在现实生活中我们没有机会接触它。此处展示了一份沙子经过熔化后形成的"玻璃石"。这些沙子不是平白无故地变成这样的，导致它们形成这种结核的热量来自美国陆军于1945年7月16日在新墨西哥州索科罗县的一处沙漠中开展的核武器试爆试验，这枚核武器使用了钚。在爆炸后，沙漠中形成了大量这样的熔块，没有什么东西比它们含有更多的钚原子了。

Pu 94

PLUTONIUM

艺术插画

钚于1940年12月在实验室中被首次合成和发现，它的命名依据也十分符合潮流。人们用在1930年发现的冥王星（pluto）为它命名。

　　镅是最后一种我们能够在日常生活中接触的元素。这有些不寻常，我们为什么会用一种放射性元素？镅具有放射性，在衰变的时候释放的 α 粒子会使周围的空气电离，所以它被用在烟雾探测器中，让它和电极间的空气导电，从而允许微弱的电流通过。烟尘颗粒出现的时候会吸收 α 粒子，阻碍电极附近的空气电离，于是电阻变大，从而发出警报。正是由于它的应用，许多火灾才能够得以避免，无数生命得以挽救。

实物照片

镅具有强烈的放射性，但是凭借着奇妙的用途出现在了我们的生活中。此处展示了一个烟雾探测器中用于使空气电离的镅源，中间的镀金薄片的底下含有极其微量的镅。

艺术插画

镅元素的名字源自美国，然而镅元素的命名还有一个意义，美国通过它实现了从城市（伯克利市，锫）到州（加利福尼亚州，锎）再到国家（美国，镅）的连接。对于发现这种人造元素的国家来讲，没有比这更好的嘉奖了。

序号为96的元素锔是用波兰物理学家玛丽·居里及其丈夫皮埃尔·居里的姓氏命名的。居里夫妇开创了放射性理论，提出了放射性的概念，并发现了钋和镭两种元素。锔最稳定的同位素锔247的半衰期约为1560万年。该元素可以通过核反应少量制造，但是对人类来说没有任何使用价值。卡片背面展示的是居里夫妇的画像。

序号为97的元素锫是以美国城市伯克利命名的，它是在位于这座城市的劳伦斯·伯克利国家实验室中发现的。锫最稳定的同位素锫247的半衰期约为1380年。该元素可以通过核反应少量制造，但是对人类来说没有任何使用价值。卡片正背面展示的分别是加州大学伯克利分校的校徽和地标性建筑钟楼。

序号为98的元素锎是用美国加利福尼亚州命名的。该州是美国人口最多的州，在地形、地貌、物产、人口构成等方面都具有多样化的特点，也出现了很多科学家。锎最稳定的同位素锎251的半衰期约为898年。该元素可以通过核反应少量制造，但是对人类来说没有任何使用价值。卡片正面展示的是加利福尼亚州的徽章，背面展示的是该州的好莱坞影城、海滩和棕熊。

序号为99的元素锿是用著名物理学家阿尔伯特·爱因斯坦的姓氏命名的，爱因斯坦是20世纪最伟大的科学家之一。锿最稳定的同位素锿252的半衰期约为471.7天。该元素可以通过核反应少量制造，但是对人类来说没有任何使用价值。卡片正面展示的是爱因斯坦的肖像，资料来自美国国会图书馆印刷品和照片部。

序号为100的元素镄是用美籍意大利物理学家恩里科·费米的姓氏命名的。费米在量子力学、核物理、粒子物理以及统计力学等领域都做出了杰出贡献，是人类历史上第一个核反应堆和第一枚原子弹的设计师之一。镄最稳定的同位素镄257的半衰期约为100.5天。该元素可以通过核反应少量制造，但是对人类来说没有任何使用价值。卡片正面展示的是费米的肖像，资料来自美国史密森学会。

序号为101的元素钔是用俄国化学家德米特里·门捷列夫的姓氏命名的。门捷列夫最早发明了元素周期表，并预测了一些当时尚未发现的元素的存在。钔最稳定的同位素钔258的半衰期约为51.5天。该元素可以通过核反应少量制造，但是对人类来说没有任何使用价值。卡片正面展示的是门捷列夫的肖像。

序号为102的元素锘是用瑞典化学家阿尔弗雷德·诺贝尔的姓氏命名的。人们根据诺贝尔的遗嘱，用他的私人财产设立了诺贝尔奖，许多诺贝尔奖得主的姓氏也用于命名元素周期表中的元素。锘最稳定的同位素锘259的半衰期约为58分钟。该元素可以通过核反应少量制造，但是对人类来说没有任何使用价值。卡片正面展示的是诺贝尔的肖像。

序号为103的元素铹是用美国物理学家欧内斯特·劳伦斯的姓氏命名的。劳伦斯是回旋加速器的发明者，这台仪器与元素周期表中最后这些元素的发现密不可分。铹最稳定的同位素铹266的半衰期约为11小时。该元素可以通过核反应少量制造，但是对人类来说没有任何使用价值。卡片正面展示的是劳伦斯的肖像，资料来自美国能源部。

序号为104的元素铲是用英国物理学家欧内斯特·卢瑟福的姓氏命名的。卢瑟福被誉为"核物理学之父"，首先提出半衰期的概念。他和所带领团队的一系列发现为核物理学的发展奠定了坚实的基础。铲最稳定的同位素铲267的半衰期约为48分钟。值得一提的是，铲元素的英文名称是"rutherfordium"，包括13个字母，是英文名称最长的化学元素。该元素可以通过核反应少量制造，但是对人类来说没有任何使用价值。卡片正面展示的是卢瑟福的肖像，资料来自美国国会图书馆印刷品和照片部。

序号为105的元素𬭊是以俄罗斯的杜布纳市命名的。该市拥有知名的联合原子核研究所，该机构为这种元素的发现做出了重要贡献。𬭊最稳定的同位素𬭊268的半衰期约为28小时。该元素可以通过核反应少量制造，但是对人类来说没有任何使用价值。卡片正面展示的是杜布纳市的徽章。

xǐ

镲

106

序号为106的元素镲是用美国化学家格伦·西博格的姓氏命名的。西博格是发现该元素的团队成员，也是发现超铀元素的杰出贡献者。该团队发现了钚、镅、锔、锫、锎、镄、镎、钔、锘等9种元素。镲最稳定的同位素镲267的半衰期约为9.8分钟。该元素可以通过核反应少量制造，但是对人类来说没有任何使用价值。卡片正面展示的是西博格的肖像，资料来自劳伦斯·伯克利国家实验室。注意，这里的西博格肖像是彩色的，这表示以他的姓氏命名这种化学元素时他还在世，历史上只有两位科学家享有这种荣誉。

bō

铍

107

序号为107的元素铍是用丹麦物理学家尼尔斯·玻尔的姓氏命名的。玻尔提出了原子的玻尔模型，借助量子化的概念解释了氢的光谱，并于1921年创办了哥本哈根大学的理论物理研究所。铍最稳定的同位素铍270的半衰期约为2.4分钟。该元素可以通过核反应少量制造，但是对人类来说没有任何使用价值。卡片正面展示的是玻尔的画像。

序号为108的元素𫓧是以德国的黑森州命名的。黑森州是𫓧元素的发现地，人们公认位于这里的重离子研究所是𫓧元素的正式发现者。𫓧最稳定的同位素𫓧269的半衰期约为15秒。该元素可以通过核反应少量制造，但是对人类来说没有任何使用价值。卡片正面展示的是黑森州的徽章。

序号为109的元素鿏是以奥地利－瑞典原子物理学家莉泽·迈特纳的姓氏命名的。迈特纳和该元素没有太多关系，但她是第91号元素镤和核裂变的发现者之一，爱因斯坦称她为"德国的居里夫人"。鿏最稳定的同位素鿏278的半衰期约为4秒。该元素可以通过核反应少量制造，但是对人类来说没有任何使用价值。照片正面展示的是迈特纳的肖像，资料来自美国国会图书馆印刷品和照片部。

dá

鿏

110

序号为110的元素鿏是以德国的达姆施塔特市命名的，因为发现这种元素的重离子研究所位于此地，而它的发现也让德国完成了从城市（达姆施塔特市，鿏）到州（黑森州，镖）再到国家（德国，锗）的连接。鿏最稳定的同位素鿏281的半衰期约为14秒。该元素可以通过核反应少量制造，但是对人类来说没有任何使用价值。卡片正面展示的是达姆施塔特市的徽章。

lún

铼

111

序号为111的元素铼是以德国物理学家威廉·伦琴的姓氏命名的。伦琴于1895年发现了X射线，这对医学诊断有着重大影响，并促成了20世纪的许多重大科学发现，他也因此获得了诺贝尔奖。铼最稳定的同位素铼282的半衰期约为2分钟。该元素可以通过核反应少量制造，但是对人类来说没有任何使用价值。卡片正面展示的是伦琴的肖像，资料来自美国国会图书馆印刷品和照片部。

gē

镉

112

序号为112的元素镉是以波兰数学家、天文学家尼古拉·哥白尼的姓氏命名的。在哥白尼生活的年代，并没有化学的概念，那么为什么他的姓氏可以用来命名一种化学元素呢？一种解释是哥白尼提出的日心说与化学元素的原子结构有相似之处。镉最稳定的同位素镉285的半衰期约为30秒。该元素可以通过核反应少量制造，但是对人类来说没有任何使用价值。卡片正面展示的是哥白尼的画像。

nǐ

𬬻

113

序号为113的元素𬬻是以日本的罗马名称命名的。这不是"日本"第一次用于命名化学元素。1908年，小川正孝用"nipponium"命名了他发现的"第43号元素"，而实际上他发现的是位于第43号元素锝正下方的第75号元素铼。𬬻最稳定的同位素𬬻286的半衰期约为9.5秒。该元素可以通过核反应少量制造，但是对人类来说没有任何使用价值。卡片正面展示的是日本理化学研究所的标志。日本理化学研究所是发现该元素的地点。

fū

铁

114

序号为114的元素铁是用苏联核物理学家格奥尔基·弗廖罗夫的姓氏命名的。弗廖罗夫和他的团队率先发现了铀的自发裂变现象，并于1957年在杜布纳市创建了联合原子核研究所。铁最稳定的同位素铁289的半衰期约为1.9秒。该元素可以通过核反应少量制造，但是对人类来说没有任何使用价值。卡片正面展示的是弗廖罗夫的肖像。

mò

镆

115

序号为115的元素镆是以俄罗斯的莫斯科州命名的。莫斯科州是俄罗斯的主要地区之一，它不仅包括首都莫斯科，而且包括用以命名第105号元素𬭩的杜布纳市。借助镆元素，俄罗斯也完成了从城市（杜布纳市，𬭩）到州（莫斯科州，镆）再到国家（俄罗斯，钌）的连接。镆最稳定的同位素镆290的半衰期约为650毫秒。该元素可以通过核反应少量制造，但是对人类来说没有任何使用价值。卡片正面展示的是莫斯科市的徽章。

序号为116的元素铊是以美国的利弗莫尔市命名的。铊最稳定的同位素铊293的半衰期约为70毫秒。该元素可以通过核反应少量制造，但是对人类来说没有任何使用价值。卡片正面展示的是位于利弗莫尔市的劳伦斯·利弗莫尔国家实验室的标志，科学家于1977年在这里首次展开了对铊元素的探索。资料来自劳伦斯·利弗莫尔国家实验室。

序号为117的元素䥑是以美国的田纳西州命名的。䥑最稳定的同位素䥑294的半衰期约为51毫秒。田纳西州不光是一个农业大州，它在科研方面也有着丰富的资源，美国橡树岭国家实验室和范德堡大学都坐落于此。该元素可以通过核反应少量制造，但是对人类来说没有任何使用价值。卡片正背面展示的分别是田纳西州的徽章和西部风情小镇。

ào

鿫

118

序号为118的元素鿫是用俄罗斯物理学家尤里·奥加涅相的姓氏命名的。奥加涅相是超重元素合成领域的领军人物，元素周期表中的第106号到第118号元素就是利用他和他的团队所研究的方法合成的。奥加涅相是第二位在世时自己的姓氏被用来命名一种化学元素的科学家。鿫最稳定的同位素鿫294的半衰期约为0.69毫秒。该元素可以通过核反应少量制造，但是对人类来说没有任何使用价值。卡片正面展示的是奥加涅相的肖像，资料来自联合原子核研究所。